"十三五"国家重点出版物出版规划项目
可靠性新技术丛书

自适应故障预测及其在核电站中的应用

Adaptive Failure Prognostics with Applications in Nuclear Power Plant

刘杰　编著

国防工业出版社

·北京·

内 容 简 介

PHM 技术包含的内容繁多，本书主要从故障预测的角度阐述自适应方法的研究现状，并首次详细介绍了自适应故障预测在核电站中的应用。本书是作者及合作者多年科研成果的总结，是一部理论和实践并重的专著：一是系统地介绍 PHM 产生与发展、基本理论，以及故障预测基本方法，使不同基础的读者可以了解 PHM 系统的概况；二是针对自适应故障预测方法，重点阐述其产生的必然性和紧迫性，并总结当前主要研究的现状；三是针对不同的故障预测模型（包括物理模型、数据驱动模型、集成模型），介绍自适应学习方法及在核电站中的应用。

本书适合从事 PHM 领域研究的相关学生、研究人员、（核电站）工程技术人员，适合对 PHM 技术有一定知识储备的读者阅读。通过阅读本书，读者在了解 PHM 尤其是故障预测技术研究与应用现状基础上，可以较为系统地把握自适应故障预测技术方法及其初步应用成果。

图书在版编目（CIP）数据

自适应故障预测及其在核电站中的应用 / 刘杰编著
. —北京：国防工业出版社，2024.4
（可靠性新技术丛书）
ISBN 978-7-118-13133-8

Ⅰ．①自… Ⅱ．①刘… Ⅲ．①核电站-故障检测
Ⅳ．①TM623.7

中国国家版本馆 CIP 数据核字（2024）第 065119 号

※

国防工业出版社出版发行
（北京市海淀区紫竹院南路23号 邮政编码100048）
雅迪云印（天津）科技有限公司印刷
新华书店经售

*
开本 710×1000 1/16 插页 1 印张 12 字数 210 千字
2024 年 4 月第 1 版第 1 次印刷 印数 1—1500 册 定价 89.00 元

（本书如有印装错误，我社负责调换）

国防书店：(010) 88540777　　　书店传真：(010) 88540776
发行业务：(010) 88540717　　　发行传真：(010) 88540762

可靠性新技术丛书 编审委员会

主 任 委 员：康　锐

副主任委员：周东华　左明健　王少萍　林　京

委　　　员（按姓氏笔画排序）：

朱晓燕　任占勇　任立明　李　想

李大庆　李建军　李彦夫　杨立兴

宋笔锋　苗　强　胡昌华　姜　潮

陶春虎　姬广振　翟国富　魏发远

丛书序

可靠性理论与技术发源于20世纪50年代,在西方工业化先进国家得到了学术界、工业界广泛持续的关注,在理论、技术和实践上均取得了显著的成就。20世纪60年代,我国开始在学术界和电子、航天等工业领域关注可靠性理论研究和技术应用,但是众所周知,这一时期进展并不顺利。直到20世纪80年代,国内才开始系统化地研究和应用可靠性理论与技术,但在发展初期,主要以引进吸收国外的成熟理论与技术进行转化应用为主,原创性的研究成果不多,这一局面直到20世纪90年代才开始逐渐转变。1995年以来,在航空航天及国防工业领域开始设立可靠性技术的国家级专项研究计划,标志着国内可靠性理论与技术研究的起步;2005年,以国家863计划为代表,开始在非军工领域设立可靠性技术专项研究计划;2010年以来,在国家自然科学基金的资助项目中,各领域的可靠性基础研究项目数量也大幅增加。同时,进入21世纪以来,在国内若干单位先后建立了国家级、省部级的可靠性技术重点实验室。上述工作全方位地推动了国内可靠性理论与技术研究工作。当然,随着中国制造业的快速发展,特别是《中国制造2025》的颁布,中国正从制造大国向制造强国的目标迈进,在这一进程中,中国工业界对可靠性理论与技术的迫切需求也越来越强烈。工业界的需求与学术界的研究相互促进,使国内可靠性理论与技术自主成果层出不穷,极大地丰富和充实了已有的可靠性理论与技术体系。

在上述背景下,我们组织撰写了这套可靠性新技术丛书,以集中展示近5年国内可靠性技术领域最新的原创性研究和应用成果。在组织撰写丛书过程中,坚持了以下几个原则。

一是**坚持原创**。丛书选题的征集,要求每一本图书反映的成果都要依托国家级科研项目或重大工程实践,确保图书内容反映理论、技术和应用创新成果,力求做到每一本图书达到专著或编著水平。

二是**体系科学**。丛书框架的设计,按照可靠性系统工程管理、可靠性设计与试验、故障诊断预测与维修决策、可靠性物理与失效分析4个板块组织丛书的选题,基本上反映了可靠性技术作为一门新兴交叉学科的主要内容,也能在一定时期内保证本套丛书的开放性。

三是**保证权威**。丛书作者的遴选，汇聚了一支由国内可靠性技术领域长江学者特聘教授、千人计划专家、国家杰出青年基金获得者、973项目首席科学家、国家级奖获得者、大型企业质量总师、首席可靠性专家等领衔的高水平作者队伍，这些高层次专家的加盟奠定了丛书的权威性地位。

四是**覆盖全面**。丛书选题内容不仅覆盖了航空航天、国防军工行业，还涉及了轨道交通、装备制造、通信网络等非军工行业。

本套丛书成功入选"十三五"国家重点出版物出版规划项目，主要著作同时获得国家科学技术学术著作出版基金、国防科技图书出版基金以及其他专项基金等的资助。为了保证本套丛书的出版质量，国防工业出版社专门成立了由总编辑挂帅的丛书出版工作领导小组和由可靠性领域权威专家组成的丛书编审委员会，从选题征集、大纲审定、初稿协调、终稿审查等若干环节设置评审点，依托领域专家逐一对入选丛书的创新性、实用性、协调性进行审查把关。

我们相信，本套丛书的出版将推动我国可靠性理论与技术的学术研究跃上一个新台阶，引领我国工业界可靠性技术应用的新方向，并最终为"中国制造2025"目标的实现做出积极的贡献。

康锐

2018年5月20日

前言

随着装备系统向着复杂化、智能化、集成化发展,故障模式和机理越来越多,故障带来的损失也越来越严重。预防故障的发生、降低误警率和漏警率对提高装备系统安全性、可靠性、可用性和任务成功率,并降低故障发生带来的社会、经济、环境、人员损失至关重要。

故障预测与健康管理（prognostics and health management, PHM）技术是先进的装备系统状态监测技术、通信技术、微电子技术、计算机技术、人工智能技术等相结合的产物,也是为了满足当前提高装备系统安全性、降低维修保障成本和规模、增加生产使用效益的迫切需求而产生的。2015年,国务院颁布了《中国制造2025》质量强国战略,其中就明确提出了要"提高在线故障预测和诊断及先进的后勤系统",充分肯定了PHM技术对提高装备系统质量的重要性。在开发装备PHM系统的过程中,往往是根据装备的历史数据和经验进行建模,但是随着操作环境和负载的变化,该模型往往无法覆盖装备系统所有可能的故障模式,这就需要PHM模型具有根据装备系统状态的变化自适应学习并改进模型的能力。由于PHM技术包含的内容繁多,本书主要从故障预测的角度阐述自适应方法的研究现状,并首次详细介绍了自适应故障预测在核电站中的应用。

本书是作者多年科研成果的总结,是一部理论和实践并重的专著:一是系统地介绍PHM产生与发展、基本理论,以及故障预测基本方法,使不同基础的读者可以了解PHM系统的概况;二是针对自适应故障预测方法,重点阐述其产生的必然性和紧迫性,并总结当前研究的现状;三是针对不同的故障预测模型,介绍自适应学习方法及在核电站中的应用。

本书共分为八章。第1章从预防发生故障和提高系统测试性角度阐述PHM技术产生的过程,同时介绍国内外（尤其是在核电站）的研究与应用现状。第2章从视情维修策略出发介绍PHM技术的内涵和主要模块。第3章根据不同的故障预测方法,分别介绍物理模型、数据驱动模型和集成模型的概念内涵和主要方法。第4章重点介绍自适应故障预测的必要性和研究现状。第5章~第7章分别从自适应物理模型、自适应数据驱动模型和自适应集成模型三个方面具体介绍自适应故障预测方法在核电站中的应用。第8章针对PHM方法的验证与确认进行系统论述,并针对自适应故障预测方法探讨模型验证与确认的挑战性。

  本书在撰写的过程中，得到了很多专家学者和合作者的帮助与指导。衷心感谢北京航空航天大学可靠性与系统工程学院康锐教授和笔者博士导师米兰理工大学 Enrico Zio 教授在本书撰写过程中给予的指导、帮助、鼓励和支持。笔者在编撰本书过程中，吸取了许多国内外同行的意见，同时还得到了北京航空航天大学青年拔尖人才支持计划的支持，在此一并感谢。

  PHM 技术是一个相对较为年轻的交叉学科，应用研究较为有限，同时限于笔者的研究水平，不妥之处在所难免，希望广大读者批评指正。

刘　杰
2023 年 10 月于北京航空航天大学为民楼

目录

第1章 PHM 技术概况 ... 1
1.1 PHM 技术的产生与发展 ... 1
1.1.1 预防发生故障 ... 1
1.1.2 提高系统测试性 ... 2
1.2 PHM 研究与应用现状 ... 5
1.2.1 国外研究与应用现状 ... 5
1.2.2 国内研究与应用现状 ... 8
1.2.3 核电站 PHM 技术研究现状 ... 10
1.3 PHM 技术的难点和挑战 ... 12
1.4 小结 ... 13
参考文献 ... 14

第2章 PHM 基本理论 ... 15
2.1 PHM 基本概念 ... 15
2.1.1 视情维修策略 ... 15
2.1.2 PHM 内涵 ... 16
2.2 PHM 主要模块 ... 17
2.2.1 传感器选择和数据采集 ... 17
2.2.2 数据处理 ... 22
2.2.3 故障诊断 ... 28
2.2.4 故障预测 ... 30
2.2.5 维修决策 ... 32
2.3 小结 ... 35
参考文献 ... 35

第3章 故障预测基本方法 ... 37
3.1 故障预测方法分类 ... 37
3.2 物理模型 ... 38
3.2.1 物理模型简介 ... 38
3.2.2 主要物理模型介绍 ... 38
3.3 数据驱动模型 ... 45

3.3.1　数据驱动模型简介 ·· 45
　　　3.3.2　主要数据驱动模型介绍 ·· 46
　3.4　集成模型 ·· 56
　　　3.4.1　集成模型简介 ·· 56
　　　3.4.2　基于数据驱动模型的集成模型 ·· 57
　3.5　传统故障预测方法的不足 ·· 61
　3.6　小结 ·· 62
　参考文献 ··· 62

第4章　自适应故障预测 ·· 64
　4.1　自适应故障预测的必要性 ·· 64
　4.2　自适应故障预测模型分类 ·· 67
　4.3　研究现状 ·· 68
　　　4.3.1　自适应物理模型 ·· 68
　　　4.3.2　自适应数据驱动模型 ·· 80
　　　4.3.3　自适应集成模型 ·· 83
　4.4　小结 ·· 85
　参考文献 ··· 85

第5章　自适应物理模型在核电站中的应用 ·································· 88
　5.1　研究背景 ·· 88
　5.2　研究方法 ·· 90
　　　5.2.1　目标系统特征 ·· 90
　　　5.2.2　自适应系统故障预测 ·· 91
　5.3　实验介绍及结果分析 ·· 95
　　　5.3.1　案例介绍 ·· 95
　　　5.3.2　系统初始退化状态未知情况下的自适应故障预测结果 ········ 97
　　　5.3.3　系统初始退化状态已知情况下的自适应故障预测结果 ····· 100
　5.4　小结 ·· 104
　参考文献 ··· 105

第6章　自适应数据驱动模型在核电站中的应用 ························ 106
　6.1　研究背景 ·· 106
　6.2　研究方法 ·· 108
　　　6.2.1　带有软边际损失函数的SVR ·· 108
　　　6.2.2　特征向量选择方法 ·· 110
　　　6.2.3　增量和减量学习 ·· 112

  6.2.4 Online-SVR-FID 方法介绍 ·········· 113
 6.3 核电站研究案例 ·········· 116
  6.3.1 案例介绍 ·········· 116
  6.3.2 实验结果 ·········· 118
 6.4 小结 ·········· 123
 参考文献 ·········· 123

第7章 自适应集成模型在核电站中的应用 ·········· 125
 7.1 基于SVR的动态权重集成模型 ·········· 125
  7.1.1 研究背景 ·········· 125
  7.1.2 研究方法 ·········· 126
  7.1.3 实例分析 ·········· 133
 7.2 基于SVR的在线学习集成模型 ·········· 139
  7.2.1 研究背景 ·········· 139
  7.2.2 研究方法 ·········· 141
  7.2.3 实例分析 ·········· 146
 7.3 基于疲劳裂纹扩展物理模型的自适应集成模型 ·········· 149
  7.3.1 研究背景 ·········· 149
  7.3.2 研究方法 ·········· 151
  7.3.3 实例分析 ·········· 156
 7.4 小结 ·········· 164
 参考文献 ·········· 164

第8章 PHM方法的验证与确认 ·········· 167
 8.1 验证与确认的框架结构 ·········· 167
 8.2 验证与确认的关键支撑技术 ·········· 168
  8.2.1 PHM验证方法和性能评估 ·········· 168
  8.2.2 PHM原型验证系统 ·········· 174
  8.2.3 PHM不确定性管理 ·········· 177
 8.3 验证与确认的实现途径 ·········· 178
  8.3.1 验证方法的选择和评估标准体系的建立 ·········· 178
  8.3.2 PHM原型系统的功能有待提升和完善 ·········· 178
  8.3.3 不确定性管理框架的建立 ·········· 179
 8.4 小结 ·········· 179
 参考文献 ·········· 179

第1章

PHM 技术概况

随着现代科学技术,尤其是信息科学与计算机技术的发展,航空、航天、通信、核电、高速铁路、舰船、风电等各个领域的设备系统日趋复杂,其综合化、集成化和智能化程度不断提高。复杂系统的应用,也使其设计、研制、生产、使用和维护保障的成本越来越高[1]。据统计,武器设备使用费用和维修保障费用占全寿命周期总费用的72%。同时,由于复杂系统的负载和工作环境多样,发生故障的概率越来越大,故障类型也越来越多。因此,复杂系统的故障预测和维护已经成为研究学者关注的焦点之一。

出于复杂系统可靠性、安全性、经济承受性、测试性的考虑,以诊断和预测技术为核心的故障预测与健康管理(prognostics and health management,PHM)技术获得科研人员和工程技术人员越来越多的重视,并发展为自主后勤保障的重要基础和技术支撑[1-2]。

1.1 PHM 技术的产生与发展

PHM 技术的产生虽然没有严格的时间点和分界线,但随着科技发展和工程需求,其产生具有必然性和必要性。PHM 技术的发展历程可以从两个角度展开:一是从系统复杂度的提高带来故障率的增加,研究、生产和使用人员对预防发生故障的迫切需求;二是从人们认识故障,提高系统测试性的工程需要。接下来的两个小节(1.1.1 节和1.1.2 节)将分别从这两个角度简单讲述 PHM 技术的产生与发展。

1.1.1 预防发生故障

从预防发生故障的角度,PHM 技术的演变过程是人们认识和利用自然规律过程的一个典型反映,即从对故障和异常事件的被动反应,到主动预防,再到实现预测和综合规划管理的过程[3-4]。

PHM 技术的起源可以追溯到 20 世纪 50 年代和 60 年代[5]。第二次世界大战期间，许多复杂系统（如航空电气系统、通信系统、武器系统）暴露出可靠性水平低下的问题。这种问题的日益突出，加上随后着手实施的各类太空研究计划驱动了最初的可靠性理论的诞生。在此阶段，人们采用传统的数据采集技术获取系统的可靠性数据进行可靠性分析，并在此基础上不断改进和完善系统的设计，以提高系统的性能，满足系统在极端环境和复杂使用条件下的可靠性要求。可靠性分析阶段是 PHM 技术起步的萌芽阶段[3]。

随着航空航天系统复杂度的增加，由设计不充分、制造误差、装配误差、维修差错和非计划事件等各种原因导致的故障率也在增加。这一状况迫使人们在 20 世纪 70 年代研究新的方法来监视系统状态，预防异常发生，出现了飞机上关键故障响应方法[5]。随后出现了诊断故障源和故障原因的技术，并最终诞生了故障预测技术。故障预测技术可通过物理模型或智能模型，综合利用采集到的各种数据信息，评估和预测系统及部件未来的状态，并对其剩余使用寿命进行评估。故障预测能力是 PHM 系统的显著特征，标志着 PHM 技术的发展已初露端倪[6]。

20 世纪 90 年代初期，"飞行器健康监控（vehicle health monitoring，VHM）"一词在美国航空航天局（National Aeronautics and Space Administration，NASA）研究机构内部盛行，是指适当地选择和使用传感器和软件来监测太空交通工具的"健康（health）"[5]。"健康"一词首次被用来描述机械系统的技术状态。该阶段的主要特征是：人们可以利用较为先进的传感器技术、数据传输技术和数据处理技术实现对系统工作状态的实时监控，为保障系统安全运行提供了可靠性支持。这一阶段的发展为 PHM 技术迈向实用化奠定了基础[3]。

在提出健康监控理论后不久，人们发现：仅仅监控是不够的，真正的问题是根据所监控的参数采取措施。不久，"管理（management）"一词就代替了"监控"，把健康监控和维修决策统一到了一起，丰富了 PHM 技术内涵。因此，到 20 世纪 90 年代中期，"系统健康管理（system health management）"成为涉及该主题时最通用的词语[3]。这一阶段也预示着 PHM 技术的快速发展并走向成熟。

20 世纪 90 年代末，随着美军重大项目——F-35 联合攻击机（joint strike figher，JSF）项目的启动，为 PHM 技术的进一步发展带来了契机[3]。进入 21 世纪，在国内外学者共同努力和政府支持下，各领域 PHM 系统相继问世，推动着 PHM 技术日益成熟并向实用化方向发展。

1.1.2 提高系统测试性

从提高系统测试性的角度，PHM 技术的发展经历了从外部测试到机内测试、系统测试性和可测性、综合诊断、PHM 系统形成等发展和演变过程。同时，从系统覆盖程度上自部件、单元、子系统逐步延伸至系统层面；从系统类型上自机械系统、机电系统逐步延伸至电子系统、系统之系统，并逐步演进和发展为故障诊断、预测与健康管理。

早期的系统比较简单，其测试和状态检测也相对比较简单，一般集中于功能测试和外部测试。相应地，其故障诊断主要采用人工测试，依据测试结果和经验进行人为判断。总体来讲，其故障诊断仅局限于功能正常性判断。之后随着一些复杂的重要系统，如飞机的机械系统、机电系统等的产生，操作人员需要实时了解其运行状态，尤其是底层核心部件的工作状态，需要被测对象本身具有一定的自测试能力[4]。于是，出现了嵌入式的机内测试（built-in-test, BIT）技术。但是，由于整体的 BIT 技术受限于器件、工艺、系统集成度等条件，往往难以满足相应对象系统的自测试要求。之后，随着系统和设备复杂程度的增加，特别是计算机技术的广泛应用，为 BIT 技术的发展提供了支撑条件，逐步出现了机内自测试（built-in-self-test, BIST）设备、机内测试设备（builit-in-test equipment, BITE）[7]。

随着外部测试和机内测试的发展，系统测试性和可测性作为系统的一项重要设计指标，逐步获得了重视和发展。相应地，复杂系统和设备的故障诊断可以综合运用内测试和外测试，实现更好的诊断性能[4]。1985 年，美国国防部（Department of Defense, DoD）颁布了军用标准《电子产品和设备测试性大纲》（MIL-STD-2165），把测试性作为与可靠性、维修性同等重要的产品设计性能，规定了电子系统和设备研制过程各阶段应实施的测试性设计、分析与验证要求及实施方法，标志着测试性成为一门与可靠性、维修性并列的独立学科[7]。

20 世纪七八十年代，复杂设备在使用中暴露出测试性差，故障诊断时间长，BIT 虚警率高，后勤保障费用高，维修人力不足等各种问题，这些问题引起了美军和工业部门的重视。美国国防部颁布军用标准和国防部指令，提出"综合后勤保障"的概念，力图有效解决武器装备的保障问题。在此过程中，"诊断"问题成为贯彻综合后勤保障的瓶颈[4]。美国国防工业协会于 1993 年首先提出了"综合诊断"的设想，综合诊断通常是指通过考虑综合测试性、自动和人工测试、维修辅助手段、技术信息、人员和培训等诊断能力的所有要素，使武器装备诊断能力达到最佳的结构化设计和管理的过程，其目的是以最小的费用达到最有效地检测和隔离装备内已知或预期发生的所有故障的目的，以满足装备任务要求。综合诊断实施的基本途径在于"综合"，即通过有效的组织和配置使各组成单元成为一个整体，协同地发挥作用，具体包括各诊断要素的综合、各维修级别的综合和寿命周期各阶段的综合三方面内容[4]。

美国国防部于1991年颁布了军用标准《综合诊断》（MIT-STD-1814），把综合诊断作为提高新一代武器系统的诊断能力和战备完好性、降低使用与保障费用的一种有效途径[4]。综合诊断策略在20世纪80年代中后期开始研制的新一代设备上得到应用。20世纪90年代以后，其他国家纷纷效仿，提倡在武器设备中通过采用类似综合诊断系统方案的综合维修系统来实现最大的故障检测和隔离功能，以提高武器设备的战备完好性，降低全寿命周期费用[4]。1999年，美国国防部部长办公室（Office of Secretary of Defense, OSD）启动了"综合诊断开放系统方法演示验证（OSAIDD）"研究计划，探讨统一的、通用的综合诊断功能实现方法的可行性，以降低费用，增加互用性，加快引入新技术[7]。

20世纪90年代末以来，综合诊断系统向测试、监控、诊断、预测和维修管理一体化方向发展，形成综合诊断、预测与健康管理系统的时机已经成熟[4]。在需求牵引和技术推动下，PHM系统重要性在JSF项目研制中被重点强调。随着系统复杂性、信息化和综合化程度的大幅度提高，设备维修保障工作重点已由传统的以机械维修为主，逐步转变为以信息的获取、处理和传输并做出维修决策为主。以往的事后维修和定期维修已经无法很好地满足现代战争和武器设备对维修保障的需求，在这种情况下，美军在20世纪90年代末引入了视情维修（condition-based maintenance, CBM）概念。作为一项战略性的设备保障策略，CBM的目的是对设备状态进行实时的或近实时的监控，根据设备的实际状态确定最佳维修时机，以提高设备的可用度和任务的可靠性，这些都需要借助PHM技术来实现。另外，大容量存储、高速传输和处理、信息融合、微机电系统（micro-electro-mechanical system, MEMS）技术、网络技术等信息技术和高新技术的迅速发展，为PHM技术发展和不断成熟创造了条件。加之，20世纪90年代中期启动的JSF项目提出了经济可承受性、杀伤力、生存性和保障性四大支柱性能要求，并提出了自主保障方案，借此机遇诞生了比较完善的、高水平的PHM系统[7]。

表1.1-1简要介绍了美国国防部（DoD）和美国航空航天局（NASA）引领的PHM技术的发展和演进过程[1,4]。

表1.1-1 DoD和NASA的PHM技术的发展演进过程

年　代	DoD	NASA
20世纪50年代	可靠性分析 系统试验与评价 质量方法	可靠性分析 系统试验与评价

续表

年　代	DoD	NASA
20世纪60年代	建模 故障分析	建模与仿真 故障分析 数据的遥测 系统工程
20世纪70年代	系统监控 以可靠性为中心的维修 系统工程 机内测试（BIT）	系统监控 机上故障保护 冗余管理 拜占庭计算机故障理论
20世纪80年代	扩展BIT 数据总线和数字处理 发动机健康监控 全面质量管理	扩展BIT 数据总线和数字处理
20世纪90年代	综合诊断 飞行数据记录 诊断	飞行器健康管理 飞行器健康监控 系统健康管理
21世纪	预测 综合飞行器健康监控 综合飞行器健康管理	综合系统健康监控 综合系统健康工程和管理

限于基础支撑技术发展存在的不同瓶颈，近年来，整体PHM技术的发展和应用与当初提出的概念和推动的预期相比，略有滞后，尤其国内当前的PHM技术，虽然已经有了一定的应用成果，但尚存在很多核心和关键技术需要突破，还需要国内该领域的研究学者付出更大的努力。

1.2　PHM研究与应用现状

综合诊断系统向测试、监控、诊断、预测和维修管理一体化方向发展，形成综合故障诊断、预测与健康管理系统的概念。总的来说，PHM系统在军事设备的需求牵引和技术推动下，尤其随着美国JSF项目的开展，获得了良好的推广和应用，JSF的PHM技术代表着当前已知的最为成熟和先进的PHM技术应用典范。

1.2.1　国外研究与应用现状

F-35自主式保障系统中采用的PHM系统经过研制和完善过程，目前已经成功应用在量产型的JSF上。这代表了美军目前视情维修所能达到的最高水平。在国外，PHM相关技术在军事和民用领域已经得到了广泛的应用，并取得了显著的成效。

目前,美国、英国、加拿大、荷兰、新加坡、南非和以色列等国已将 PHM 技术应用到直升机上,出现了被称作"健康与使用监控系统(health and usage monitoring system, HUMS)"的集成应用平台[8]。其中,美国国防部新一代 HUMS-JAHUMS 具有全面的 PHM 能力和开放、灵活的系统结构。据美国《今日防务》2006 年 4 月 21 日报道,安装了 HUMS 的美国陆军直升机任务完备率提高了 10%,陆军已向安装 HUMS 的飞机颁发了适航证和维修许可证。此外,美国陆军已经批准在全部 750 架"阿帕奇"直升机上安装 HUMS。英国国防部也与史密斯航空公司达成协议,为 70 架未来"山猫"直升机开发并提供一种稳健的使用状态监测系统和机舱声音与飞行数据记录仪(HUMS/CVFDR)的组合系统(已于 2011 年交付使用)[9]。HUMS 不但应用于直升机上,在"阵风"战斗机、"鹰"战斗机和 C-130"大力神"运输机等固定翼飞机上也已经得到了应用[1]。

美国各军种研究开发的与 HUMS 和 PHM 类似的技术还有海军的综合状态评估系统(integrated condition assessment system, ICAS),陆军的诊断改进计划(army diagnosis improvement plan, ADIP)系统, B-2 轰炸机、"全球鹰"无人机和 NASA 第 2 代可重复使用运载器的飞行器综合健康管理(integrated vehicle health management, IVHM)系统等[1]。

除了在军事领域的成功应用外,PHM 技术还在民用飞机、汽车、核电站和大型水坝等民用领域得到了广泛应用,成为名副其实的军民两用技术。波音公司已将 PHM 技术应用到民用航空领域,称作"飞机状态管理(aircraft health management, AHM)"系统。该系统已在法国航空公司、美国航空公司、日本航空公司和新加坡航空公司的 B777、B747-400、A320、A330 和 A340 等飞机上得到了广泛应用,提高了飞行安全和航班运营效率。2006 年,这套系统的应用范围进一步扩大,应用于国泰航空公司、阿联酋航空公司和新西兰航空公司。据波音公司的初步估计,通过使用 AHM 可使航空公司节省约 25% 的因航班延误及取消而导致的费用。此外,AHM 通过帮助航空公司识别重复出现的故障和发展趋势,支持机队长期可靠性计划的实现。美国航空无线电通信公司与 NASA 兰利研究中心合作,研制了与 PHM 类似的"飞机状态分析与管理系统(aircraft condition analysis and management system, ACAMS)",其功能在 NASA 的 B757 飞机上成功地进行了飞行试验演示验证,该套系统已经申请了美国专利[9]。NASA 正在考虑采用 Qualtech 系统公司开发的综合系统健康管理方案对航天飞机进行健康监控、诊断推理和最优查故,以降低危及航天任务安全的系统故障[1]。

随着现代数字技术、微电子技术的迅猛发展，现代武器设备中大量采用了复杂的先进电子设备，这给测试、维修和保障工作带来了严峻挑战和沉重负担。特别是各种微型电路的应用，使电子设备的故障监测和预测成为影响任务完好性、控制使用和保障费用的重要因素，引起了美国、英国等军方的普遍关注。由于电子产品本身易故障的特点，电子产品的 PHM 问题尤为困难。例如，由于电子产品中的缺陷可能是微米级的甚至是纳米级的，电子产品的故障相对更难检测。而且由于电子失效机制繁多，单一器件失效率较低，电子产品的 PHM 优势不如其在机械系统中明显[6]。目前，国外对电子产品进行 PHM 应用和研究方面主要取得了以下成果：波音公司 AHM 系统、JSF 系统和 IVHM 系统等系统中都不同程度地监测那些能够反映电子产品故障或健康状态的性能（特征）参数（如电流、电压和电阻等）来检测电子产品的健康状态。美国马里兰大学（University of Maryland）先进生命周期工程中心（Center for Advanced Life Cycle Engineering, CALCE）以故障物理方法为基础，对电子产品的 PHM 技术进行了深入的研究工作，并得到广泛的应用和验证[6]。该方法是指在已知电子产品故障物理（physics of failure, PoF）模型的基础上，通过监测产品的使用环境条件（如温度、震动等参数信息），进而根据损伤累积模型预测产品的剩余寿命，以达到监测电子产品健康状态的目的。美国 Ridgetop 公司还提出了通过在电子产品内部设置"故障标尺"的方法，来预测实际被监测产品的剩余使用寿命[1]。

故障诊断与状态监测经过多年的发展应用，国外已经逐步形成了一套较为完整的标准体系用于 PHM 的系统验证和产品检验。由于故障预测与传统故障诊断和维护具有内在关联性，有一些标准值得借鉴。国际标准化组织（International Organization for Standardization, ISO）、国际电子电器工程师协会（Institute of Electrical and Electronics Engineers, IEEE）、机械信息管理开放标准联盟（MIMOSA）、美国汽车工程师学会（SAE）、美国联邦航空管理局（Federal Aviation Administration, FAA）和美国陆军等组织和机构陆续制定和正在开发针对 CVM/IVHM/PHM/HUMS 的标准和规范[10]。这些标准从不同侧面和不同角度对 PHM 系统的主要内容进行了规范[10]。与 PHM 有关的主要标准和规范，如表 1.2-1 所列。

SAE 的航空航天推进系统健康管理技术委员会发布了一系列飞机发动机监控系统/健康管理系统的相关标准，形成了 EHM 标准族，该标准族主要包括《飞机涡轮发动机的温度监控系统指南》《振动监控系统指南》《健康管理系统指南》《发动机滑油系统监控指南》《发动机健康系统的效费比分析和可靠性验证》等，全面指导飞机发动机系统的使用设计和维护[10]。

表 1.2-1　与 PHM 有关的主要标准和规范[10]

标准组织	技术委员会	典型标准	类别
ISO	TC108	CM&D 系列标准	CBM
MIMOSA		OSA-CBM, OSA-EAI	
SAE	G-11r	CBM 推荐案例	
	HM-1	IVHM 系列标准	IVHM
	E-32	EHM 系列标准	PHM
IEEE	SCC20	IEEE Std 1232 系列标准（AI-ESTATE） IEEE Std 1636 系列标准（SIMICA）	
	PHM	IEEE P1856	
SAE	HM-1	HUMS 系列标准	HUMS
FAA		AC-29C MG-15	
美国陆军		ADS-79-HDBK	

IEEE SCC20 下属的故障诊断和维护控制（DMC）子委员会负责维护与 PHM 有关的标准，相继建立了 IEEE Std 232 系列标准（AI-ESTATE）和 IEEE Std 636 系列标准（SIMICA）。2011 年 IEEE 又成立了电子系统 PHM 工作组，由其负责 IEEE P1856 标准建设草案，明确提出要建立电子系统 PHM 框架[10]。

1.2.2　国内研究与应用现状

20 世纪 50 年代，我国就开始与世界其他国家一起涉足 PHM 这一新兴领域。但是由于工业基础薄弱等问题，一直发展缓慢[3]。自 20 世纪 80 年代以来，我国政府大力发展状态监测、故障预测及可靠性维修等 PHM 相关技术研究，并将其列入国家 863 计划。由北京航空航天大学、清华大学、上海交通大学、西北工业大学和哈尔滨工业大学等大学及相关科研院所承担科研项目并开展研究工作。其中，北京航空航天大学可靠性与系统工程学院/可靠性工程研究所较早地开展了在 PHM 系统方法和技术应用方面的研究，以及在飞行器（飞机、无人机、航天器）领域相关算法、智能模型和管理调度等方向的探索性研究，这些研究以神经网络及其混合模型、时间序列分析等方法为基础的应用案例居多，各类方法各有其优点和缺点，各种案例研究正在不断尝试、扩展和深入[6]。我国在 PHM 方面的早期应用主要在民航系统中，飞机或发动机性能状态监控系统得到应用，与硬件系统贯穿在一起的整套解决方案的应用成果较少。

国内军方也在各个领域对 PHM 技术进行了理论探索和深入研究。其中，空军工程大学针对我军新一代作战飞机的技术特点及其维修保障需求，对机载 PHM 系统体系结构的各种解决方案进行了对比分析，提出了一种由模块/单元层 PHM、子系统 PHM、区域级 PHM 和平台级 PHM 4 层集成的层次化体系结构；海军航空大学对 PHM 技术应用于反舰导弹维修保障中的有效性和可行性进行了研究，并设计了反舰导弹武器系统 PHM 系统结构和反舰导弹维修保障中的传感器网络结构；空军预警学院为了克服传统维修保障方式的缺点并适应现代雷达设备维修保障的发展需求，构建了基于 PHM 的雷达设备维修保障系统；陆军炮兵防空兵学院根据无人机系统故障特点建立了系统设备拓扑结构，并构建了无人机 PHM 系统逻辑体系结构[3]。

从上面的介绍可以看出，国内在故障诊断、预测和健康管理方面，已经开展了较为广泛的研究工作。研究需求和研究对象主要集中在航空、航天、船舶等复杂高技术设备领域。研究主体以高校和研究院所居多，研究内容集中于体系结构及关键技术研究、智能诊断和预测算法研究（基于物理模型方法、基于数据驱动模型方法），以及测试性和诊断性研究等[1]。虽然在三代机的设计中进行了 PHM 相关的积极尝试，但是总体的应用研究规模和水平仍然相对落后，各机构的研究能力和水平参差不齐，行业或技术领域专业研究组织薄弱[6]。

从工业部门和复杂设备使用者的角度来看，我国现在对综合故障诊断、预测和健康管理技术的需求十分明确且迫切，尤其在新一代的航空、航天器、电动汽车、新能源等领域，均将 PHM 相关技术作为重要的支撑之一。但是由于理论研究和应用研究缺乏有效的接口，应用需求没能得到系统而明确的分析和引导。

在《国家中长期科学和技术发展规划纲要（2006—2020 年）》《国家"十二五"科学和技术发展规划》《中国制造 2025》等文件中都将智能在线诊断、寿命预测和维修保障计划作为一个重要的议题。而目前的工程实践和研究也表明，PHM 可以为企业带来巨大的投资回报率（return on investment，ROI）。例如，美国帕克鲁发电站故障诊断系统的收益达到了早期软硬件和人力投入的 36 倍。随着 PHM 系统应用的增多，这样的例子也越来越多。2006 年发布的《国家中长期科学和技术发展规划纲要（2006—2020 年）》中将重大产品和重大设施的使用寿命预测技术列为重点发展方向。2011 年科学技术部颁布的《国家"十二五"科学和技术发展规划》中明确指出，围绕空间科学与航空航天等事关经济、社会发展的重大科学问题，继续加强重大工程健康状态检测、监测等基础研究是重点部署研究方向之一。2012 年工业和信息化部印发的《高端装备制造业"十二五"发展规划》中将健康维护技术列为重点发展方向之一。《中国制造2025》规划中重点提到了推广先进的在线故障预测与诊断技术及后勤系统对推进制造强国战略的重要性。

目前，我国还没有专门针对PHM系统的标准，但已经发布了一些与之有一定联系的军用标准，例如，《装备测试性大纲》（GJB 2547—1995）、《维修性试验与评定》（GJB 2072—1994）、《装备可靠性维修性保障性要求论证》（GJB 1909A—2009）等。但是这些标准还不能完全满足需求，需要针对PHM系统及我国研究和应用特点建立PHM系统标准。PHM系统是一个多维度、多层次的复杂系统，从技术内涵、信息流程、设计流程到物理结构都在不同程度上反映了PHM系统的内涵和外延。在设计典型PHM标准体系架构时，要充分考虑上述因素，确保标准体系框架的全面性。根据国外现有标准，典型的PHM标准要包括：术语、定义、方法论、指标；测试、建模分析算法、软件；针对产品设计的可靠性、安全性、评级；最佳应用、后勤、费用、管理和人员培训。

1.2.3　核电站PHM技术研究现状

近年来在全球范围内又兴起了针对核电站的研究热潮。研究主要关注目前正在运行的大约411个核电站和58个在建核电站（截至2022年12月31日统计数据）。针对核电站的研究热潮虽然在一定程度上受到了2011年3月在日本福岛发生的核电站事故的影响。但是，核能仍然被看作是未来世界绿色能源、能源安全和降低碳排放的重要组成部分。目前，对安全和经济的核能的需求的主要推动力包括[11]：

（1）现有核电站延寿至40~60年已经是普遍趋势，目前已经开始延寿至60~80年的论证。截至2020年年底，连续运行40年以上机组共计104台。以美国为例，已经有90台机组获得了美国核安全监管局从40年到60年的运行延寿许可证，少数机组完成二次延寿申请流程，有更多的机组计划申请二次延寿。2021年9月，经国家核安全局批准，秦山核电厂1号机组运行许可证获准延续，有效期延续至2041年7月30日。延寿已经是全球核电站的一个趋势，这时就需要考虑如何使核电站在第二个延寿许可下安全、经济地运行超过60年。

（2）采用新技术的核电站的设计寿命为60年的现状。在建和并网发电的第三代核电站的设计寿命是60年，而且需要采用强化的安全设计。2022年，全球有6台核电机组实现首次并网，其中5台核电机组采用了第三代核电技术；有8台核电机组正式开工建设，全部采用第三代核电技术。新型核电站的燃料更换周期更长、关键元器件的封闭性增加、核电站位置更加偏僻并且维修人员更少。

（3）中期采用轻水反应堆的小型核电站的设计需要考虑先进的安全系统。

多年的核电站运行经验说明，认知核电站关键系统、元器件运行状况，对核电站的安全是非常重要的。由于对核电站中压力阀和主泵这样的大型元器件进行更换非常困难，因此对关键元器件与时间相关的退化过程进行监测、管理和危险转移对核电站的安全是非常重要的。而这些技术挑战并不仅仅针对正在运行的核电站机组，对正在设计的新型核电站也是非常重要的。核电站退化过程监测、管理和危险转移技术不仅仅将应用在当前正在运行的核电站机组上，也必将会对新型核电站的运行起到重要作用。

核电站对 PHM 技术提出了更大的挑战。PHM 技术将对核电站关键系统的安全性起到重要作用，也将影响核电站的延寿许可。这些 PHM 技术包括算法、架构及应用。

核电站的早期运营商如法国电力集团（EDF）和 Exelon 已经在 PHM 领域取得了不错的进展。EDF 和 Exelon 集中监测着其运营的 700 个核电站机组。总的来说，与其他领域相比，核电站领域对 PHM 的接受过程较慢。虽然 PHM 不仅仅应用于核电站领域，但是核电站企业已经投入了大量的人力物力以提高核电站 PHM 能力。PHM 技术在核电站的应用根据其应用对象的不同可以分为主动部件和被动部件。

核电站的主动部件主要包括空气压缩机、电池、电路板、控制杆驱动器、冷却风扇、柴油发动机、电机、泵、晶体管、阀等。很多主动部件可以通过电厂信息和计算机系统传感器进行监控。在某些情况下，通过持续监测可以大大提高系统的监测能力，比如对泵类部件的震动信号的监测。但是，检测并诊断复杂互联系统的故障是十分困难的，简单地通过监控和对传感器信号预先设定阈值进行状态监测是不完善的。控制系统通过反应回路控制核电站，使各监测信号保持在预先设定的范围内。很多时候，相较于设备级，针对系统级的故障检测与诊断更为重要。需要针对系统正常运行状态开发模型并将监测数据与模型预测值进行对比，以达到检测故障的目的。冷却水主泵（reactor coolant pump，RCP）的退化和事故会导致核电站停堆和额外的维修保障，进而造成重大的经济损失。因此冷却水主泵的故障检测与诊断是非常重要的，目前主要使用专家模型、物理模型、仿真模型进行故障诊断。对核电站中阀类部件的定期检测是核电站运行过程中必不可少的，通过声波、超声波检测和磁通量特征可以有效分析阀的不同运行状况，同时，线下检测也是监测阀类健康状况的有效手段。

核电站的被动部件主要包括线路和连接器、密封垫圈、热交换器、燃料棒保护层、稳压器、泵壳、管路、变压器、支撑结构、蒸汽发生器等。对材料和被动部件的老化及退化的管理是当前和未来核电站长期运行的关键因素。通过非破坏性方法估计被动部件的健康状态对于保证核电站长期运行过程中处在一定安全阈值之内是必不可少的。磁性粒子分析、X射线分析、液体渗透检测、超声波测试、涡流测试、目视检查是当前核电站中对被动部件表层及内部检测的主要手段。现有核电站延寿至60年的计划必将增加温度、中子辐射、核电站冷却剂和机械压力对各被动部件材料退化的影响。未来新建核电站的设计寿命将达到60年，这也大大增加了对材料和结构寿命剖面各应力要求的严酷度。已有的研究表明，每隔7年就会发现/出现材料退化的新机制。在新的核电站设计过程中特定材料在整个寿命周期内的退化机制还没有完全清晰，因此检测并研究被动部件在特定运行周期内的负载及退化是非常重要的。加强在线监测可以弥补对长寿命结构和材料退化模式与机制认知的不足。尽管目前还没有将PHM系统整体应用在核电站被动部件上，但是已经开始了对被动部件故障诊断和预测的研究。一些新的无损检测技术预期可以用于被动部件持续在线监测。被动部件的增加及对新退化机制认知的缺乏使核电站中被动部件在核电站长期运行过程中的退化风险增加。除了无损检测技术、物理建模技术等传统技术外，目前基于传感器信号和数据分析建模的技术也受到了越来越多的重视。

应用于核电站主动部件的先进故障诊断与预测技术已经在其他工业中被验证。但是在核电站中的应用面临的挑战是对方法模型的验证与检验。核电站被动部件中PHM技术的应用已经在实验室试验阶段得到了很好的验证，并证实了这些方法的潜力。要从视情维修到在线监测与剩余使用寿命预测的转变还需要核电站监管机构颁布相应规范，才能实现。数字信息与控制系统的应用可以提高核电站在线监测能力，同时降低操作和维修成本。

1.3　PHM技术的难点和挑战

PHM技术的发展在部件级和系统级两个层次，以及在机械产品和电子产品两个领域经历了不同的发展历程。当前PHM技术的发展体现在以系统级集成应用为牵引，逐步提高故障诊断与预测精度、扩展健康监控的应用对象范围等方面[3]。

随着PHM技术在军用和民用领域的广泛应用，世界各国对PHM技术的兴趣日渐浓厚。目前，我国国防科技工业对PHM技术有着强烈的需求。借鉴和吸收国外的先进经验,研究 PHM 关键技术可为我国高速铁路、核电站及航空航天器等关键设备的研制与发展提供基础技术储备,并奠定工程应用基础,更好地促进我国智能制造的快速发展。但是 PHM 技术的广泛应用还面临着很多现实的技术难点和挑战。

(1) 先进传感器的研制。传感器技术虽然已经为机械诊断、结构健康监测等领域提供了比较充分的信息感知方法,但对电子系统,尤其是电子元器件性能状态的监测仍缺乏有效的方法和手段[1]。因此,智能、灵巧而稳健的信息感知和信息融合技术是 PHM 技术的基础性研究问题之一。

(2) 开展从部件到系统的 PHM 模型研究,更准确地根据环境条件和系统运行状况建立故障诊断与预测模型。由于实际应用中的复杂大系统具有滞后、强耦合、参数时变等严重的非线性特征,且其数据模型不存在或太复杂、噪声统计特性不理想、存在过程不确定和外部干扰等因素,因此其诊断和预测问题十分复杂[12]。目前,针对部件级 PHM 技术的研究已经取得了不错的成果,但是如何整合部件级 PHM 技术至系统级,并增强系统 PHM 模型的故障诊断与预测能力是当前 PHM 技术的研究热点之一[1]。

(3) 研究混合及智能数据融合、推理技术和方法。面对大量且多样的传感器数据,必须采用先进的故障诊断与预测方法。结合当前发展迅猛的大数据、计算机技术、人工智能理论,研究实用性强、准确度高、可信度高的 PHM 模型是非常重要的。

(4) PHM 技术的验证与评估。由于目前大多数 PHM 研究工作是针对高价值、高可靠、长寿命的复杂系统展开的,因此很多实际系统的物理模型、试验数据和效能评估体系不能被普通研究者所采用[1]。目前,NASA 等单位为研究者提供了一些公开的、多元的数据集,可以成为 PHM 算法评估的重要手段。另外,当前设备的故障模式数据和故障环境验证不足,导致对故障模式进行充分分析和验证缺乏现实环境和条件[1]。因此,如何采用故障仿真和虚拟实验验证技术对各类研究方法的性能和可行性进行必要而准确的评估是一个亟待解决的问题。

1.4 小 结

本章从降低故障率和提高测试性两个方面回顾了 PHM 技术的发展历程,并对国内外研究现状进行了概述,提出当前及未来 PHM 技术面临的机遇和挑战。本章还着重介绍了核电站 PHM 技术的发展现状及未来主要研究方法,为接下来介绍自适应 PHM 技术及其在核电领域的应用奠定了基础。

参考文献

[1] 彭宇,刘大同,彭喜元. 故障预测与健康管理技术综述 [J]. 电子测量与仪器学报, 2010, 24 (1): 1-9.

[2] JANASAK K M, BESHEARS R R. Diagnostics to Prognostics—A Product Availability Technology Evolution [C]. Reliability & Maintainability Symposium, Orlando, 2007.

[3] 冯辅周,司爱威,邢伟,等. 故障预测与健康管理技术的应用与发展 [J]. 装甲兵工程学院学报, 2009, 23 (6): 1-6.

[4] 张宝珍. 国外综合诊断、预测与健康管理技术的发展及应用 [J]. 计算机测量与控制, 2008, 16 (5): 591-594.

[5] 王元道. 集成系统健康管理若干关键技术研究 [D]. 哈尔滨: 哈尔滨工业大学, 2008.

[6] 孙博,康锐,谢劲松. 故障预测与健康管理系统研究和应用现状综述 [J]. 系统工程与电子技术, 2007 (10): 1762-1767.

[7] 石君友. 测试性设计分析与验证 [M]. 北京: 国防工业出版社, 2011.

[8] 李建增,路广勋,王东锋. 发射场地面设施健康状态管理研究综述 [J]. 中国测试, 2013, 39 (6): 24-27.

[9] 莫固良,汪慧云,李兴旺,等. 飞机健康监测与预测系统的发展及展望 [J]. 振动. 测试与诊断, 2013, 33 (6): 925-930.

[10] 景博,汤巍,黄以锋,等. 故障预测与健康管理系统相关标准综述 [J]. 电子测量与仪器学报, 2014, 28 (12): 7.

[11] COBLE J B, RAMUHALLI L, BOND L J, et al. Prognostics and Health Management in Nuclear Power Plants: A Review of Technologies and Applications [Z]. 2012.

[12] 刘珍翔. 基于改进 GA-SVR 的机械关键部件寿命预测及维修策略研究 [D]. 重庆: 重庆大学, 2016.

第 2 章

PHM 基本理论

2.1 PHM 基本概念

PHM 代表了一种维护策略和观念上的转变,实现了从传统的基于传感器的诊断向基于智能系统的预测的转变,进而为在准确的时间,对准确的部位,进行准确和主动的维护活动提供了技术基础。PHM 技术也使事后维修和定期维修策略被视情维修所取代[1]。

2.1.1 视情维修策略

视情维修是指通过对设备状态特征参数进行连续或定期的检测,实现对设备状态的实时评估,并预测设备的剩余使用寿命或功能故障将何时发生,根据设备的实时状态及其发展趋势,在功能故障发生的预测期内视情安排维修活动的一种维修方式[2]。从实施过程看,视情维修首先是建立状态预测模型,其次根据一定的优化目标建立决策优化模型,最后求解最佳的维修策略。视情维修主要包括以下 3 个方面的内容:

(1) 退化状态的早期识别建模:退化状态的早期识别建模常用的方法就是将状态监测参数的实际测量值与预先设定的报警阈值进行比较,当超过报警阈值时,则表明出现异常,处于缺陷状态,需要引起操作人员和维修人员的注意;反之,则为正常状态。也可以通过历史正常数据建立评估模型,然后将模型输出与实际测量值进行对比,在二者差值超过预先设定的报警阈值时,表明出现异常;反之,则为正常状态。

(2) 设备状态预测建模:设备状态预测是视情维修决策的关键,设备状态预测建模可以分为直接监测的状态预测建模和间接监测的状态预测建模。直接监测是指测量信息直接反映了被监测对象的状态,或监测对象的状态可以通过人工定期检查直接观察到。间接测量是指测量信息不能直接反映被监测对象的真实状态，但它们之间往往存在某种随机相关关系。

（3）维修决策优化建模：维修决策优化建模是基于设备的状态预测模型，结合故障风险和预防维修费用等，并根据一定的优化目标，建立相应的维修决策优化模型。

由此可知，PHM技术是视情维修的核心和手段。

2.1.2 PHM 内涵

PHM 技术采用先进的传感器技术获取和采集与系统健康状态有关的特征参数，然后将这些特征参数和有用的信息关联，借助智能算法和模型进行检测、分析、预测，并管理系统或设备的工作状态[1]。

PHM 的核心内涵包括以下 3 个方面：

（1）增强型故障诊断（enhanced diagnostic）：确认系统或部件实现自身功能的能力，具备较高等级的故障检测（fault detection，FD）和故障隔离（fault isolation，FI）的能力，同时保证较低的误警率（false alarm rate，FAR）。

（2）故障预测（prognostics）：在对系统或部件实际状态准确评定的基础上，通过智能算法和模型预测其剩余可用寿命（remaining useful life，RUL）。

（3）健康管理（health management）：基于诊断和预测信息、可用资源以及操作/使用需求，做出智能的、适合的关于维修和后勤活动决策的能力[1]。

进一步展开论述，PHM 系统一般应具备的能力包括以下几个方面：

（1）故障检测：通过监测数据判断系统或部件是否发生退化。

（2）故障隔离：确定故障发生的部位。

（3）故障诊断：判断故障类型、机制和原因。

（4）RUL 预测、失效时间（time-to-failure，TTF）预测：预测系统或部件未来何时发生故障。

（5）性能退化趋势分析：拟合或判断系统或部件退化的趋势。

（6）降低误警。

（7）健康报告：包括实时健康状态和预警处理、通知辅助决策等。

（8）辅助决策和资源管理。

（9）故障容错和自适应。

（10）信息融合和推理。

（11）信息管理。

对于复杂设备和系统，PHM 技术应能实现不同层次、不同级别的综合诊断、预测和健康管理，并根据实际应用需求以及其他成本控制、技术可实现性等限制条件，综合设计和实现 PHM 系统的各项功能[1]。

2.2　PHM 主要模块

本节主要介绍在 PHM 系统设计、开发和使用过程中所需包含的主要模块，包括传感器选择和数据采集、数据处理、故障诊断、故障预测、维修决策。

2.2.1　传感器选择和数据采集

设备的 PHM 系统要安全、可靠地工作，首先需确定可以直接表征设备故障/健康状态的参数指标，或可以间接推理判断系统故障/健康状态的参数信息，并利用传感器采集设备的各种状态数据[3]。很显然，传感器应用技术将直接影响设备 PHM 系统的应用效果和工作效率。这主要涉及监测对象选择技术、状态特征参数选取技术、状态监测传感器选择技术、传感器优化配置技术、数据传输技术、数据存储技术等。

1. 监测对象选择技术

复杂设备通常由多个分系统组成，而每个分系统又包含多个子系统，每个子系统又包含很多部件或模块，根据设备要完成的功能，这些部件或模块分别承担不同的任务，对设备性能、工作安全性和可靠性影响也不同。但是，在实时状态监测的过程中不可能对所有的部件进行监测，也没有必要，只需将对设备性能以及工作安全性、可靠性影响较大的关键部件进行状态监测即可[3]。

在选择监测对象时，需要考虑部件的重要性、失效率和演变性，优先选取关键部件、失效率高的部件和具有多态性和演变性的部件。可以采取以下 3 种方法进行监测对象的选择：

（1）重要功能组件分析（functionally significant item analysis，FSIA）：重要功能组件（functionally significant item，FSI）是指那些一旦发生故障就会影响任务成功率和安全性，或对经济、环境和人员健康有重大负面影响的组件。一般来讲，重要功能组件具有的性质：包含有重要功能组件的任何组件；任何非重要功能组件都包含在其上一层的重要组件；包含在非重要功能组件之下的任何组件都是非重要功能组件。

（2）故障模式与影响分析（failure mode and effect analysis，FMEA）：FMEA 是指通过对产品各组成单元潜在的各种故障模式及其对产品功能的影响进行分析，并把每个故障按严酷度进行排序，提出可以采取的预防、改进措施，以提高产品可靠性的一种设计分析方法[4]。FMEA 原是用于产品设计的，同样可以利用其分析不同故障结果的严酷度来确定 PHM 系统的监测对象。PHM 系统需要监测的对象往往是产生严酷度较高的故障所在的子系统或部件。

（3）危害性分析（criticality analysis，CA）：CA 是按每一故障模式的严酷度类别即故障模式的发生概率及所产生的影响对其分类，以便全面地评价各种可能的故障模式的危害。因此，可依据危害性分析的结果，根据产品发生概率和危害程度确定 PHM 系统的监测对象。CA 不仅考虑故障的严酷度，也需要考虑故障的发生概率。那些严酷度高而且发生概率较大的故障所在的子系统或部件往往是需要通过 PHM 系统重点监测的对象。

一般来讲，PHM 系统的监测对象应以现场可更换部件（line replaceable component，LRC）为基本单元，可以是现场可更换模块（line replaceable module，LRM）或现场可更换单元（line replaceable unit，LRU）。满足状态监测需求的部件可能包括以下 5 种类型：

（1）结构性重要部件：该类部件是重要的负载路径，或者是设备系统的支撑结构和部件。

（2）工作循环相关件：该类部件承担周期性运动功能，其寿命在循环往复的工作中耗尽。

（3）危险减弱件：该类部件在发生单点或多点故障时，会对工作环境产生危害，因此要减弱和降低这些部件的危险。

（4）传统预防性维修件：该类部件使用相似的传统部件，需要预防性维修，包括检查、更换或保养等。

（5）经济可收益部件：该类部件因为费用较高、维修时间长或其他后勤保障费用问题，在实现预测后能够明显缩减其全寿命周期费用。

2. 状态特征参数选取技术

由于不同类型部件反映其健康状态的特征参数多种多样，在进行状态特征参数选取时，一般应遵循以下 6 个原则：

（1）可测性：对复杂设备进行状态监测，必须做到监测系统本身不能影响被监测对象的状态，且监测对象的相关状态特征参数可以通过监测设备准确地获取。

（2）典型性：由于被监测对象种类繁多，诸如振荡器工作频率、电压值、电流值、工作温度等，一般来讲通过相应的传感器或监测设备均可获得其状态值。但对于特定类型的监测对象，有些参数能集中反映设备的状态，而有些参数则对设备状态的影响不大。因此，在选取监测的特征参数时，要选取能代表监测对象状态的典型参数。

(3) 集中性：符合可测性和典型性要求的参数往往很多，而且参数间会有重复和耦合的现象，监测系统一般没有必要对所有监测参数进行监测，而通常要经过相应的分析，选取能够集中反映监测对象状态的参数作为被测参数。

(4) 针对性：监测对象的故障按严重程度可分为间歇故障、轻度故障、严重故障、致命性故障和灾难性故障。对于前两种故障，因为不至于影响监测对象完成规定任务，可以适当地进行预防性维修。而对于后3种故障，尤其是致命性故障和灾难性故障，通常应该采取视情维修，也就是针对产生致命性和灾难性后果的故障的特征参数，必须予以选取并进行监测。

(5) 敏感性：状态特征参数应具有较高的敏感性，即对于监测对象工作状态发生的微弱变化，特征参数的测量应有明显的变化。

(6) 可靠性：状态特征参数值随监测对象状态的变化而变化，如果把状态特征值视为因变量、监测对象的状态视作自变量，那么状态特征值应是监测对象状态的单值函数。

从设备系统构成部件类型的角度，可将PHM系统的监测对象分为三大类，即机械类部件、电子电气类部件和液压类部件。

(1) 机械类部件：机械类部件常见的损伤/失效模式有4种：磨损、腐蚀、变形和断裂。那么，反映机械部件工作状态的参数主要包括振动幅度、振动频率、转速、电量参数（包含电压、电流等）、工艺参数（包含温度、压力、流量等）等。

(2) 电子电气类部件：电子电气类部件常见的故障模式包括开路故障、短路故障、机械损伤、性能退化等。那么，反映电子电气类部件工作状态的参数主要包括温度、电压、电流、湿度等。

(3) 液压类部件：液压类部件的常见故障模式包括冲击断裂、热应力、热变形、电子信号失真、管路谐振、系统振荡等。那么，反映液压部件工作状态的参数主要包括振动强度、噪声值、压力、流量、油液污染度、泵容积效率、泄漏量、油液温度、声发射频率、油液综合体积弹性模量等。

3. 状态监测传感器选择技术

根据我国国家标准（GB/T 7665—2005），传感器被定义为能够感受规定的被测量并按照一定规律转换成可用输出信号的器件和装置，通常由敏感元件、转换元件和测量电路组成，有时还要加上辅助电源，如图2.2-1所示[5]。敏感元件：直接感受被测量并输出与被测量呈确定关系的参数的元件[6]，如压力敏感元件中片和波纹管可以把被测压力变成位移量。转换元件：将敏感元件输出的非电量（如位移、应变、应力、光强等）转换成电量（包括电路参数量、电压与电流等），如热电偶和热敏电阻。转换元件也可以不直接感受被测量，而只感受与被测量呈确定关系的其他非电量。测量电路：能把转换元件输出的电信号转换为便于显示、记录、控制和处理的有用电信号的电路。由于传感器的输出信号一般都很微弱，常需要通过调整信号或转换电路对其进行放大、运算等[6]。

图 2.2-1　传感器的组成框图

传感器的共性就是利用物理定律或物质的物理、化学、生物特性，将非电量（如位移速度、温度、振动等）输入转换成电量（如电压、电流等）输出[5]。传感器的特性可以分为静态特性和动态特性。

（1）对传感器静态特性的基本要求是，输入为零时输出也要为零。衡量传感器静态特性的主要技术指标有线性度、灵敏度、迟滞性、重复性、分辨力、稳定性、漂移量、相间干扰误差和静态误差等。

（2）动态特性是指传感器对随时间变化的输入量的响应特性。传感器的动态特性可分为稳态响应特性和瞬态响应特性。稳态响应特性是指传感器在振幅不变的正弦形式非电量的作用下的响应特性。瞬态响应特性是指传感器在瞬变的非周期非电量的作用下的响应特性。

目前，可供设备 PHM 系统选用的传感器类型很多，按传感器的输入量（被测参数）划分，主要有温度传感器、湿度传感器、振动传感器、冲击传感器、声发射传感器和腐蚀传感器等[5]。此外，一些先进的传感器技术也在 PHM 系统中被广泛采用，如光线传感器、微机电系统（MEMS）、智能传感器等，这些新型传感器具有精度高、使用范围广和智能化等特点[5]。

可用于设备 PHM 系统的传感器类型多种多样，传感器的原理与结构千差万别，如何根据具体的监测对象、测量目的以及测量环境合理地选择传感器，是传感器配置与应用首先要解决的问题。在进行传感器选择时，主要考虑的因素有传感器性能、可用性、能量消耗、成本和环境条件等。传感器的选择流程如图 2.2-2 所示。

4. 传感器优化配置技术

传感器优化配置的任务是进行测试点、传感器的最优配置，以期获得测试点、传感器配置成本与可诊断性要求（如故障检测率、故障隔离率等）之

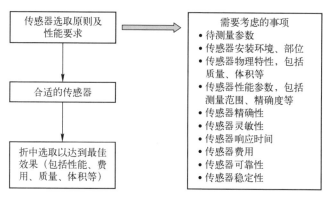

图 2.2-2 传感器的选择流程

间的最佳平衡。如果传感器的数目过多,则有可能使 PHM 系统的可靠性下降,同时造成浪费;如果传感器的数目过少,则有可能达不到状态监控的目的,容易造成虚警和漏检等。因此如何对传感器(包括传感器的数目和定位)进行优化配置,是设备 PHM 系统设计过程中需要重点考虑的问题。

状态监测传感器优化配置主要包括[4]:

(1)传感器配置模型建立。在诊断和预测知识库以及需求分析文档的基础上,构建系统传感器配置模型。传感器配置模型多种多样,如早期的有向图模型、信息流图模型、多信号流图模型,以及最近提出的混合诊断模型、Petri 网模型和贝叶斯模型等。

(2)诊断性能指标描述。在传感器配置模型建立后,遵循 IEEE Std 1522 标准对可诊断性、可检测性、可隔离性等性能指标的定义和要求,将其具体细化到传感器配置模型中,对诊断性能指标进行定性描述和定量描述,为后续的传感器配置优化、诊断和预测提供依据。

(3)传感器优化配置算法。基于形式化描述的传感器配置优化算法,即自顶向下和自底向上优化算法,其思想源于遍历有向图的思想;目标函数的定义以系统仿真模块提出的有向图模型为基础,其中对故障模式及严酷度、传感器配置代价、故障检测率和隔离率约束等进行量化及其形式化表达,目标是在故障检测率和隔离率约束条件下,实现传感器配置代价最低;由于目标函数求解问题属于 NP 难问题,因此采用现代化算法和非传统优化算法。传统优化算法主要有有效独立法、运动能量法、Guyan 模型缩减法和主分量法等;非传统算法主要有遗传算法(genetic algorithm,GA)、小波分析(wavelet analysis)法、神经网络(neural netwrok)法、粒子群算法(particle swarm optimization,PSO)和模拟退火法(simulated annealing method)等。

(4)传感器配置性能评估。故障诊断和预测推理模块的输出结果、系统的真实运行状况和故障报告，均放入性能评估函数中，通过性能评估函数进行比较，以判断传感器配置的有效性，最终结果用于指导传感器配置的具体实施。

5. 数据传输技术

传感器采集的设备状态监测数据需要通过数据传输到达数据存储设备与处理器。数据传输是数据从一个地方传送到另一个地方的通信过程。数据传输系统通常由传输信道和信道两端的数据电路终接设备（data circuit-terminal equipment, DCE）组成，在某些情况下，还包括信道两端的复用设备。传输信道可以是一条专用的通信信道，也可以由数据交换网、电话交换网或其他类型的交换网络提供。数据传输系统的输入输出设备为终端或计算机，统称为数据终端设备（data terminal equipment, DTE），它所发出的数据信息一般都是字母、数字和符号的组合，为了传送这些信息，就需将每个字母、数字和符号用二进制代码来表示。常用的二进制代码有国际五号码（IA5）、EBCDIC 码、国际电报二号码（ITA2）和汉字信息交换码。

数据传输的类型主要包括并行传输、串行传输、同步传输、异步传输、单工传输等。而数据传输可以通过光纤网络、有线网络、无线网络、移动网络等实现。

6. 数据存储技术

传输的设备状态监测数据需要进行存储，以便进行后续的数据处理、故障检测、故障诊断、故障预测等。

在设备的 PHM 系统中，数据存储的方式主要有分布式存储、中央式存储以及混合式存储。分布式存储将设备不同子系统的监测数据保存在子系统中的数据存储模块。中央式存储是指将子系统的监测数据传输至中央存储系统进行统一存储。而混合式存储是对分布式存储和中央式存储的混合使用。

数据存储的位置包括设备系统本身、地面后勤系统、地面数据管理中心等。

2.2.2　数据处理

设备的 PHM 系统通过传感器和 BIT 等采集设备的状态特征数据，由于传感器工作性能、所处工作环境及设备工作状态等的影响，采集的数据中不可避免地存在噪声数据、缺失数据和不一致数据等，且具有随机性、模糊性、不确定性和灰性等特征[7]。因此，为满足故障检测、故障诊断、故障预测及维修决策对数据的要求，需要对采集到的数据进行处理，主要包括数据清理技术、数据分析技术、特征提取技术和数据挖掘技术等。

1. 数据清理技术

在设备的 PHM 系统中,用于设备状态监测的传感器在复杂的现场条件下,易受到强烈的电磁干扰与外部环境温度、湿度的影响,同时测量信号在传输过程中不可避免地会存在同步偏差、传输错误和信道噪声等问题,造成监测数据失真。因此,要在改进测量手段、提高抗干扰能力的同时,研究相应的数据预处理方法,以保证故障诊断的准确性。数据清理技术主要包括:

(1) 缺失数据处理技术:设备状态监测数据是一个平稳的时间序列,由于受到电磁干扰和传输信道噪声的影响,往往会产生数据缺失,此时就需要对数据进行插补,以构成完整的时间序列[7]。缺失数据的插补是指选择合理的数据代替缺失数据,插补到原缺失数据的位置。常用的数据插补方法有均值插补、近邻插补、随机插补和灰色插补等。

(2) 异常数据剔除技术:设备状态监测数据通常可以看作一个时间上连续的离散数据序列,但强噪声干扰以及数据传输过程会引起数据失真,使观测到的数据序列中产生异常数据。在进行分析诊断前必须对异常数据进行预处理,以削弱环境等干扰因素的影响,既要剔除"虚假点"又要保证数据的真实性。常用的异常数据剔除方法有拉依达准则(3σ test)法、格拉布斯准则(Grubs test)法、极值偏差法、极差比法、移动平均法、53H 算法、差分预测法等。

(3) 数据无量纲处理技术:利用状态监测数据进行设备故障检测、故障诊断时,由于影响设备健康状态因素多种多样,状态监测参数的量纲也不相同,因此,在建立模型和进行综合评价时,需要进行数据无量纲化处理。数据无量纲化处理是指在参数中选取一个特征值,经过恰当的数学处理,将量纲不同的参数的量纲消除,数据无量纲化处理又称数据归一化处理或数据标准化处理[7]。常用的数据无量纲化处理方法有直线形无量纲化方法、折线形无量纲化方法和曲线型无量纲化方法等。

2. 数据分析技术

在设备的 PHM 系统中,对设备状态监测传感器采集到的状态参数进行数据清理后,还需进一步对数据进行分析,找出数据的变换规律和发展趋势,为故障检测、故障诊断、故障预测模型的建立奠定基础。数据分析技术主要包括描述性分析技术、动态分析技术、相关分析技术、回归分析技术、聚类分析技术和数据平滑技术等[8]。

(1) 描述性分析(descriptive analysis)技术:数据描述性分析是指从数据出发概括数据特征,主要包括数据的位置、分散性、关联性等数字特征和反映数据整体结构的分布特征,是数据分析的第一步,也是对数据进行进一步分析的基础。分散性是对数据之间差异性的描述，可用方差、标准差、标准差系数、极差、四分位差和平均差等来描述。

（2）动态分析（dynamic anlaysis）技术：动态分析离不开动态数列。设备状态劣化过程是一个随时间不断发展变化的，且在不同的时期，影响其发展变化的因素及程度均不相同，致使发展变化的结果也不相同。将设备状态在不同时间上发展变化所达到的水平值，按时间的先后顺序排列所形成的数列称为动态数列（时间数列或时间序列）。一般来讲，动态数列由两个要素构成：一是时间要素，说明设备状态特征参数变化的时期或时间点，即状态监测传感器的采样时刻；二是统计指标值，说明设备状态特征参数在各个发展时间所达到的规模或水平，即采样的状态特征参数值。动态分析就是根据状态特征参数随时间变化的一系列数据，计算其增减变动水平、变化速度，研究其演变趋势，并进行统计预测。动态分析的指标包括水平分析指标（如发展水平、平均发展水平、增长量、平均增长量等）和速度分析指标（如发展速度、增长速度、平均发展速度、平均增长速度等）。

（3）相关分析（correlation anaysis）技术：一般来讲，设备的故障现象与故障模式，故障模式与故障原因之间总存在某种依存关系，当用变量来反映时，便表现为变量之间的依存关系。变量之间的依存关系可以分为两种：一是函数关系，指变量之间保持着严格的依存关系，呈现出一一对应的特征；二是相关关系，指变量之间保持着不确定的依存关系，即变量间关系不能用函数关系精确表达，一个变量的取值不能由另一变量唯一确定。相关分析是指在定性判断变量之间存在相关关系的基础上，用统计分析方法测定变量之间的关系的密切程度。

（4）回归分析（regression analysis）技术：数据回归分析是数据相关分析的深入，是在数据相关分析的基础上，更加深入地研究数据之间的数量依存关系。通过相关分析，我们只可以了解数据之间相关的方向和关联的密切程度，无法得出其他有益的内容。而回归分析是对具有显著相关性的变量之间的一般关系进行测定，明确自变量和因变量，确定一个相关的数学表达式，以便进行估计或预测，在设备的 PHM 相关研究中十分重要。

（5）聚类分析（clustering analysis）技术：在设备的 PHM 系统中，通常采用多个传感器对设备进行状态监测，由于选用的传感器种类和数量繁多，数据格式和含义各不相同，且故障模式和故障原因之间呈现一对多或多对多的映射关系，而这种关系又很难用一般的数学模型来表示，因此，需要采用聚类分析技术进行故障诊断。聚类分析是指按照一定的标准对一组特征参数表示的样本群进行分类的过程。在聚类分析中，个体称为样品，表示事物对象；指标称为变量，表示对象的属性。相应地，聚类分析有两种类型：样品聚类和变量聚类，其基本思想是通过定义样品或变量间"接近程度"的度量，并以此为基础，将"相近"的样品或变量聚为一类。

（6）数据平滑（data smoothing）技术：在设备的 PHM 系统中，当监测传感器获得设备的状态特征数据后，需要进行设备的健康状态评估，并对设备的未来状态或故障发生时间进行预测。由于状态监测传感器得到的是设备状态特征参数的时间序列，因此，需要应用数据平滑技术，根据状态特征参数的变化趋势来外推预测其未来值。常用的数据平滑方法有移动平均法（moving average method）、指数平滑法（exponential smoothing method）和自适应过滤法（adaptive filtering method）等。

3. 特征提取技术

设备状态监测的目的就是依据状态监测数据进行故障模式识别和设备健康评估。一般来说，直接从监测传感器得到的测量数据与设备状态特征相关性不强，需要将其从测量空间转换到特征空间，提取出与设备状态相关性强的特征向量，以作为设备故障模式识别分类器的输入。特征提取的实质就是从已有的变量中选择/提取具有代表性的、有效性的成分构成新的特征向量，从而减少识别工作量。常用的特征提取技术主要有以下几种：

（1）离散傅里叶变换（discrete Fourier transform，DFT）：DFT 进行特征提取的基本原理是，将时间序列从时域空间变换到频域空间，由于时域空间的能量函数与频域空间的能量函数相等，且频域空间的大部分能量集中在前几个系数上，因此，只要保留前 m 个傅里叶系数就可提取 k 维空间的时间序列特征。一般而言，$m \ll k$。

（2）离散小波变换（discrete wavelet transform，DWT）：小波即小区域的波，是一种特殊的、长度有限的、平均值为零的波，是一系列具有不同尺度与位移的紧支集。小波分析的特点是紧支集通过变换，能有效地从信号中提取细化的特征信息，克服了傅里叶变换不能表示瞬态特征的缺陷。将 DWT 作为时间序列相似性分析降维的手段，可以更准确地刻画子序列的特征，以达到比 DFT 降维更好的效果。

（3）卡洛南-洛伊变换（Karhunen-Loeve transform，简称 K-L 变换）：K-L 变换是一种基于目标统计特征的最佳正交变换手法。其主要特点是：使变换后产生新的正交或不相关分量；以部分新的分量表示原向量均方误差最小；使变换向量更趋稳定、能量更趋集中等，这使它在特征提取、数据压缩等方面都有着极为重要的作用。

（4）主成分分析（principal component analysis，PCA）：PCA 是设法将原

来众多具有一定相关性（如 P 个指标），重新组合成一组新的、互相无关的综合指标来代替原来的指标。PCA 是一种考察多个变量间相关性的多元统计方法，研究如何通过少数几个主成分来揭示多个变量间的内部结构，即从原始变量中导出少数几个主成分，使它们尽可能多地保留原始变量的信息，且彼此间互不相关。通常数学上的处理就是将原来 P 个指标作线性组合，结果作为新的综合指标。最经典的做法就是用 F_1（选取的第一个线性组合，即第一个综合指标）的方差来表达，即 $\mathrm{Var}(F_1)$ 越大，表示 F_1 包含的信息越多。因此在所有的线性组合中选取的 F_1 应该是方差最大的，故称 F_1 为第一主成分。如果第一主成分不足以代表原来 P 个指标的信息，再考虑选取 F_2（第二个线性组合），为了有效地反映原来信息，F_1 已有的信息就不需要再出现在 F_2 中，用数学语言表达就是要求 $\mathrm{Cov}(F_1,F_2)=0$，则称 F_2 为第二主成分，依此类推可以构造出第三个、第四个……第 P 个主成分。

（5）Hadamard 变换法（Hadamard transform）：Hadamard 变换法是对特征向量进行 Hadamard 矩阵变换来提取特征的方法。

（6）BP 神经网络法（back-propagation neural networks）：神经网络具有自适应的特点，它通过学习能够确定输入、输出之间的关系，即通过采用直接的数值数据进行训练，自动地确定原因-结果关系。因此，从某种意义上说，神经网络的自学习过程就是实现模式变换、特征提取的过程。BP 神经网络特征提取的主要步骤如下：

① 对原始特征值进行归一化处理。

② 选择 BP 网络模型结构参数。

③ 选择合适的神经网络学习参数，以保证较高的收敛速度。

④ 利用误差反传法训练 BP 神经网络，通常使满足系统特征提取性能下误差所需的精度即可。

⑤ 将原始特征参数的所有样本输入训练好的 BP 神经网络，进行前向计算，求出 BP 网络隐层各单元的输出值，即得到所提取的新特征参数。

4. 数据挖掘技术

设备故障检测、故障诊断和故障预测是设备 PHM 系统的重要功能，而这些功能的实现需要大量的设备运行历史数据、专家经验数据和数据挖掘技术、人工智能技术等的支撑。数据挖掘就是从大量的、不完全的、有噪声的、模糊的数据中，提取隐含在其中的有价值的知识的过程[9]。利用数据挖掘的分类、关联、聚类和预测功能，能够有效地分析设备的故障模式、故障规律和发展趋势，并对设备进行故障检测、故障诊断和故障预测。数据挖掘的核心技术就是数据挖掘算法，主要包括：

（1）决策树（decision tree）算法：决策树是一个类似于流程图的树结构，能把数据特征直观地表述出来。可将决策树技术应用于设备故障诊断领域，通过大量的设备状态数据进行挖掘，发现故障数据中存在的规律，并以规则的形式体现出来，为故障的规律决策提供支持。决策树因其形状像树且能用于决策而得名，一个决策树有一系列节点和分支组成，节点和子节点之间形成分支，节点代表着决策过程中所考虑的属性，而不同属性值形成不同分支。决策树按结构的不同可分为二叉树和多叉树。二叉树的内部节点（非叶子节点）一般表示一个逻辑判断，树的边是逻辑判断的分支结果。多叉树的内部节点就是属性，边是该属性的所有取值，有几个属性值就有几条边。树的叶子节点则是类别标记。较为常见的决策树算法包括概念学习系统（conceptual learning system，CLS）算法、ID3 决策树算法、C4.5 算法等。

（2）人工神经网络（artifical neural networks）算法：人工神经网络是由一个或多个神经元组成的信息系统。对于具有 m 个输入节点和 n 个输出节点的神经网络，输入输出关系可以看作 m 维欧式空间到 n 维欧式空间的映射，网络实际输出与期望输出之间的误差是衡量神经网络性能的指标。人工神经网络由于本身具有良好的鲁棒性、自组织自适应性，以及并行处理、分布存储和高度容错等特性，非常适合解决数据挖掘问题，近年来受到越来越多的科研人员的关注。基于神经网络的数据挖掘过程主要包括以下 3 个步骤：

① 数据准备与预处理：数据准备就是为构造网络准备数据，包括训练数据和测试数据，就是对数据进行定义、处理和表示。

② 网络构造、训练与剪枝：该阶段需要选择拟采用的神经网络模型，选择和设计一种网络训练算法。训练后的网络可能有些臃肿，剪枝就是在不影响网络准确性的前提下，将网络中冗余的连接和节点去除。没有冗余的连接和节点的网络产生的模式更精练且更易于理解。

③ 规则提取与评估：经过学习和剪枝之后，网络中蕴含着学习到的规则（知识），但以这种形式存在的规则不易理解。规则提取就是从网络中提取规则，并转换为某种易理解的形式，常用的方法有 LRE 方法、黑盒方法、决策树方法、模糊逻辑方法等。规则评估就是利用测试样本对规则的可靠性进行测试与评估，确保最后输出有用规则（知识）。

（3）粗糙集（fuzzy sets）算法：粗糙集理论是由波兰学者 Z. Pawlak 于 1982 年提出的，它是一种刻画不完整性和不确定性的数学工具，能有效地分析不确定、不一致、不完整等各种不完备信息，还可以对数据进行分析和推理，从中发现隐含的知识，揭示潜在的规律[10]。粗糙集理论具有以下特点：

能够处理各种数据,包括不完整的数据以及拥有众多变量的数据;能够处理数据的不确定性,包括确定性和非确定性的情况;能求出知识的最小表达和知识的各种不同颗粒层次;能从数据中解释出概念简单、易于操作的模式;能产生精确而又易于检查和证实的规则。基于粗糙集的数据挖掘过程主要包括以下3个步骤:

① 预处理:将数据集中的初始数据信息转换为粗糙集形式,明确条件属性和决策属性。

② 属性约简:生成不可分辨矩阵,并在分辨矩阵的基础上生成约简属性集。

③ 发现规则:在约简的信息表中,根据可信度阈值发现规则。

(4)遗传算法(genetic algorithm):遗传算法是由美国密歇根大学的 J. H. Holland 教授提出的,是对生物界自然选择和自然遗传机制进化过程的模拟,通过自然选择、遗传、变异等作用机制,提高个体适应性。遗传算法在解决大空间、多峰值、非线性和全局优化等高复杂度问题时具有独特的优势,已经成为数据挖掘中一种重要的算法。基于遗传算法的关联规则挖掘,就是运用遗传算法的自适应寻优和智能搜索技术,获取与客观事实最相容的问题解。其基本思想是:随机产生一组规则,对每个规则应用数据库中给定的例子进行判断,根据适应度函数计算其适应度;运用交叉、变异运算对该组规则进行进化;再利用选择运算产生下一组规则,这样经过若干次迭代后,当遗传算法满足终止条件时,可得到一组理想规则。接下来,利用这些规则对数据库中的数据进行加工,删除规则覆盖的例子,对剩余的数据继续采用以上的遗传算法挖掘第二组规则。重复以上步骤,直至在数据库中的所有例子都被覆盖或满足事先约定的终止条件。最后采用规则优化算法对所得规则进行优化,得到最简规则。

2.2.3 故障诊断

故障诊断是对设备运行状态和异常情况做出判断。也就是说,在设备没有发生故障之前,要对设备的运行状态进行估计;在设备发生故障之后,对故障的原因、部位、类型、程度等做出判断,并进行维修决策。故障诊断的任务包括故障检测、故障识别、故障隔离与估计、故障评价和决策。

故障检测,是指判断系统中是否发生了故障以及检测出故障发生的时刻;所谓故障识别,是指识别出设备处于哪种故障状态;故障隔离与估计,是指确定故障所处的位置和故障的严重程度;故障评价和决策,是指对故障的后果进行评估并决定什么时间采取哪种措施对故障进行处置。

故障诊断方法可以分为基于物理模型方法、基于先验知识方法（如基于案例推理方法、基于专家系统方法、基于模糊推理方法）和基于数据驱动模型方法（如基于人工智能方法）。

下面介绍几种常见的故障诊断方法[11]：

（1）基于物理模型方法（physics-based methods）：在过去的十多年里，基于物理模型的方法作为智能诊断系统的重要组成部分得到了很大的发展，成为一个重要的研究方向。物理模型一般是实际被诊断设备系统的近似描述。基于物理模型的诊断方法是利用从实际设备系统或器件中得到的观察结果和信息，建立相应的系统结构和功能的数学模型，然后通过模型，对设备的故障进行诊断。

（2）基于案例推理（case-based reasoning，CBR）方法：它能够通过案例来进行学习，不需要详细的应用领域模型，能通过修改相似问题成功的诊断结果来求解新问题。CBR 方法的主要技术包括案例表达和索引、案例检索、案例修订和案例学习等。CBR 方法的有效性取决于适合案例数据的利用能力、索引方法、检索能力和更新方法。基于案例的故障诊断系统在执行新的诊断任务时，依靠的是以前诊断的经验案例。

（3）基于专家系统方法（expert-based methods）：这种方法不依赖系统的数学模型，而是根据人们在长期实践中积累的大量故障诊断经验和知识设计出的一套智能计算机程序，以此来解决复杂系统的故障诊断问题。在系统的运行过程中，若某一时刻系统发生故障，领域专家往往可以凭视觉、听觉、嗅觉或测量设备得到一些客观事实，并根据对系统结构和系统故障历史的深刻了解很快地做出判断，确定故障的原因和部位。对于复杂设备系统的故障诊断，这种基于专家系统的故障诊断方法尤其有效。随着计算机科学和人工智能的发展形成的专家系统方法，克服了基于模型的故障诊断方法对模型的过分依赖性，成为故障检测和隔离的有效方法，并在许多领域得到应用。

（4）基于模糊推理方法（fuzzy reasoning methods）：模糊逻辑在故障检测和故障诊断领域中得到了很好的应用。故障检测时，特征信号有的是连续变化的，其状态的边界相互交叉；有的是模糊的，模糊逻辑通过使用隶属度的概念，给这个问题提供了很好的解决方法。故障诊断时，尽管测量到的特征信号值不精确，尽管其状态是模糊的，但模糊推理系统可以进行有效的处理，得出正确的结论。

（5）基于人工智能方法（artificial intelligence methods）：对用解析方法难以建立系统模型的诊断对象，基于人工智能的方法有着很好的研究和应用前景。随着系统的复杂化，故障类型和数量越来越多，很难利用物理模型和专家系统建立完善和准确的故障诊断模型。传感器技术、通信技术和信息技术的发展使人们可以不间断地或周期性地监测设备的运行状态，从而收集到大量的设备运行数据。基于人工智能的方法正是通过对收集到的数据进行分析和建模，从而提取与故障相关的特征，实现故障诊断。

2.2.4 故障预测

设备故障预测是比故障诊断更高级的视情维修关键技术，是一门涉及机械、电子、材料、通信以及计算机技术和人工智能等多学科综合的新型边缘学科，是实现从"事后维修"向"视情维修"转变的重要途径。

1. 故障预测内涵

故障预测就是以设备当前的使用状态为起点，结合已知预测对象的结构特性、参数、环境条件及历史数据等，对设备未来的故障进行预测、分析和判断，确定故障性质、类别、程度、原因及部位，指出故障的发展趋势和后果[12]。实施设备故障预测的目的是使设备使用和维修人员提前预知设备的健康状态和故障的发生时间，从而有效地降低故障风险、节约保障资源和减少经济损失[12]。一般来说，设备故障预测主要包括以下3项内容[11]：

（1）预测故障发生时间（time to failure，TTF）：即预测设备系统、子系统和部件的不同类型故障模式的故障发生时间。

（2）预测剩余寿命（remaining useful life，RUL）或可正常工作时间：即预测设备、子系统或部件的剩余寿命或可继续正常使用的时间长度。

（3）故障发生概率（failure probability）：即预测在下次检查或维修前设备系统、子系统和部件发生故障的概率。

2. 故障预测方法

故障预测方法主要可以分为基于物理模型的方法、基于先验知识的方法、基于数据驱动模型的方法和基于集成模型的方法。

下面介绍几种常用的故障预测方法[12-13]：

（1）时间序列预测法：把预测对象的历史数据按一定的时间间隔进行排列，构成一个随时间变化的统计序列，建立相应的数据随时间变化模型，并将该模型外推到未来进行预测。也可根据已知的历史数据拟合一条曲线，使该曲线能反映预测对象随时间变化的趋势，按照变化趋势曲线，对于未来的某一时刻，从曲线上可以估计出该时刻的预测值。时间序列预测法所需要的历史数据少、工作量小，但它要求影响预测对象的各因素不发生突变,因此,该方法适用于序列变化比较均匀的短期预测,不适用于中长期预测。

(2) 灰色预测模型:灰色理论将一切随机变量看作在一定范围内变化的灰色变量,通过数据处理灰色变量,将杂乱无章的原始数据整理成规律性较强的生成数据来加以研究。灰色预测模型按灰色系统理论建立预测模型,根据系统的普遍发展规律,建立一般性的灰色微分方程,通过对数据序列的拟合,求得微分方程的系数,从而得到灰色预测模型。灰色预测模型是一个指数模型,如果预测量是以某一指数规律发展的,则可期望得到较高精度的预测结果。灰色预测模型既可用于故障的短期预测;也可用于故障的长期预测,但长期预测的精度不高。

(3) 卡尔曼滤波法:卡尔曼滤波的基本思想是通过对含有噪声的观测信号的处理,得到被观测系统状态的统计估计信息。卡尔曼滤波法要求系统退化模型和观测方程已知,当模型或方程比较精确时,通过比较滤波器的输出与实际输出值的残差,实时调整滤波器的参数,能够较好地估计系统的状态,同时,也能对系统的状态进行短期预测,但一旦模型或方程不准确,滤波器估计值就可能产生较大偏差。

(4) 人工神经网络预测法:人工神经网络预测首先选取若干历史数据序列作为训练样本,然后构造适宜的网络结构,用某种训练算法对网络进行训练,使其满足一定精度要求后进行预测。用于故障预测的人工神经网络主要以两种方式实现预测功能:一是用人工神经网络作为函数逼近器,对设备工况的某些参数进行拟合预测;二是考虑输入和输出间的动态关系,通过带反馈连接的人工神经网络对过程或工况参数建立动态模型进行故障预测。人工神经网络具有较强的非线性映射能力,能逼近任意非线性函数,因而能较好地反映出设备实际工作状态的发展趋势与状态信息之间的关系。此外,神经网络能进行多参数、多步预测,动态自适应能力强,适合非线性复杂系统的智能预测。但也存在难以对所得结果做出合理解释、网络训练时间较长、输入变量和隐含层数及节点数选择困难、极易陷入局部最小值等缺点。

(5) 专家预测系统:专家预测系统采用了专家知识,从而具有了专家的丰富经验和判断能力,并能为用户的提问和答案的推理过程做出解释。在中长期预测中,能够对未来的不确定因素、预测对象发展的特殊性以及各种可能引起预测对象变化的情况加以综合考虑,从而得到较好的预测结果。专家预测系统主要用于很难建立精确数学模型的复杂系统,特别在非线性领域,被认为是一种很有前景的方法。但由于专家知识是经过大量实践而形成的,且未能形成统一的知识标准，因此有可能导致在综合各个专家知识时存在偏差和失误。

（6）多代理系统预测法：多代理系统预测的基本思想是各代理分别利用各自不同的知识库和推理机制，对同一问题进行并行推理、独立求解，求解的最后结果在决策代理中生成。为综合不同推理机制的优势，在多代理系统预测模型中，把各代理设计为异构，各个预测代理具有相关领域的知识，并且具有专家水平求解的能力。多代理系统预测法代表了最新的工程问题求解规范，不仅包含了传统的浅知识模型，而且具有了描述系统结构和功能等深层次预测知识的能力，克服了传统模型局限性、脆弱性、弱解释能力等缺陷，将定性与定量推理有效地结合在一起。此外，多代理系统可以降低软硬件的费用，提供更快速的问题求解过程。

2.2.5 维修决策

与 PHM 技术相关的维修决策技术就是视情维修技术。视情维修技术是根据故障诊断和故障预测结果进行维修决策优化的技术。

1. 维修决策内涵

维修决策是设备 PHM 的最后环节，其主要解决"是否修"和"何时修"等问题，因此维修决策主要包括以下 3 方面内容：

（1）维修行为决策：就是针对当前的状态确定最佳的维修行为的过程。一般来讲，设备的维修行为主要有继续监控、定期检测、预计维修和预防更换等。通常情况下，为避免设备故障发生而导致严重事故和经济损失，一旦监测到某种缺陷或异常发生，则立刻进行维修或更换，以充分利用和发挥设备的有效工作寿命，提高设备的完好率。

（2）维修时机决策：就是依据设备故障规律和当前状态确定最佳预计维修时间的过程。维修时机决策的关键是维修决策阈值的确定，为最大限度地发挥设备的有效工作寿命，通常采用可用度作为评价指标，最大可用度所对应的时刻即最佳维修时机。

（3）检测间隔决策：就是综合考虑设备的使用特点、技术状态和退化趋势等，确定合适的状态检测间隔的过程。对于复杂设备的关键部件，有的可采用在线连续状态监测，有的只能采用外部离散状态监测，由于设备的退化速度往往随着时间而增大，传统的定期检测往往会造成过检或漏检，因此，需要依据历史数据和当前状态信息来确定合适的状态检测间隔。

在进行维修决策时往往需要综合考虑以下因素：

（1）设备剩余寿命：设备剩余寿命是进行维修决策的客观依据，是建立决策优化模型的关键因素，因此，需要依据状态监测数据、维修检测数据和设备故障数据等，运用相关的预测理论和方法进行设备剩余寿命预测。

（2）维修检查费用：维修检查费用是进行维修决策的约束条件，也是建立决策优化模型的重要因素。实施维修决策的目标之一是使预防性维修检查费用最低，维修检查的次数越多，不仅对设备的可靠性和性能带来影响，而且无形中增加了设备维修检查费用。

（3）设备使用特点：维修决策与设备的使用情况密切相关，需要针对不同使用方式分类进行维修决策。如地空导弹按使用特点可分为连续使用设备（如雷达、指挥车等）、间歇使用设备（如发射装置等）和周期使用设备（如电源车、配电车等）。一般来讲，对于间歇使用设备或周期使用设备在不使用期间就不需进行频繁的预防性维修。

2. 维修决策特点

由维修决策的内容和目的可知，其具有如下特点：

（1）状态维修决策是一个多属性决策：一般来讲，维修决策受多个因素的影响，主要有：

① 部件（设备）的技术状态；

② 维修的经济承受能力；

③ 维修的风险等。

（2）维修决策是一个多目标决策：一般来讲，维修决策的总体目标是提高设备维修保障效率，但具体来讲可分为多个目标，主要有：

① 提高设备完好率；

② 降低设备维修保障费用；

③ 延长设备使用寿命；

④ 提高任务成功率等。

（3）维修决策是一个多约束决策：一般来讲，维修决策是有约束条件的决策，常用的约束条件有：

① 维修费用最小；

② 维修风险最低；

③ 故障后危害度最小；

④ 设备停机时间最短；

⑤ 任务成功率最高等。

（4）维修决策是一个多结果决策：一般来讲，维修决策的结果具有多样性，包括：

① 设备提前大修；
② 预防性维修；
③ 进一步状态监测；
④ 设备继续工作等。

3. 维修决策常用方法

目前，可用于维修决策的方法多种多样，其分类方法也不相同：根据维修决策内容的不同可分为维修行为决策、维修时机决策和监测间隔决策等；根据对维修决策过程的认知过程可分为基于状态阈值的维修决策、基于状态相关关系的维修决策、基于状态劣化过程的维修决策等。这里我们根据设备状态维修决策所采用的理论和方法不同，将设备状态维修决策方法分为逻辑推理决策方法、模糊多属性决策方法和智能优化决策方法等[14]。

（1）逻辑推理决策方法：是指以设备实时状态信息为依据，计算描述设备状态的各属性值，综合考虑相应的目标函数要求、维修实施条件和使用任务需求等因素，依据维修规则进行逻辑推理，最终完成维修方案的制定。

（2）模糊多属性决策方法：是指以影响设备维修决策因素为指标，针对各指标值定性与定量相结合的特点，通过模糊隶属化各指标值，并根据专家的意见确定各指标影响权重，最后通过决策规则的计算值排序来确定设备的维修方式和维修时机等。

（3）智能优化决策方法：是指以维修决策的影响因素为约束条件，以各目标函数为优化目标，通过建立问题的数学模型，并采用遗传算法、模拟退火算法和粒子群算法等进行解的全局寻优，求得的解即最优维修决策。

维修决策的关键是建立维修决策模型，维修决策模型是通过故障概率和剩余寿命等综合性参数来描述设备状态，利用设备特征信息与状态描述参数之间的关系，按照决策目标而建立的决策优化模型。维修决策建模的理论基础是数理统计和随机过程等，主要的建模方法有随机滤波模型、时间延迟模型、比例风险模型、Levy 过程模型和马尔可夫决策模型等。

（1）随机滤波模型（filtering model）：是利用状态监测历史数据对设备健康状态进行评估，直接给出设备剩余寿命的概率密度分布，实现基于剩余寿命的维修决策。其核心是基于状态监测数据与剩余寿命之间的关联关系，且假定这种关联关系仅存在于故障延迟阶段。

（2）时间延迟模型（time delay model）：把设备的寿命周期分为缺陷形成和故障发生两个阶段，其核心是确定缺陷概率密度函数和故障概率密度函数。

（3）比例风险模型（proportional hazard model）：是一种多元非线性回归方法，它以概率的形式表征设备状态劣化的分布特征，考虑了各类型变量对设备失效时间的影响。其特点是综合利用检测数据、故障历史和维修历史等多类信息。

(4) Levy 过程模型（Levy process model）：是一类随机连续的独立增量过程，比较典型的 Levy 过程有 Wiener 过程、Gamma 过程等。其特点是能够较好地描述设备系统的退化过程。

(5) 马尔可夫决策模型（Markov chain process model）：是应用随机过程中的马尔可夫链理论来描述设备的状态变化规律，并针对设备状态进行维修决策。其特点是通过对设备状态进行离散化，来简化设备维修决策模型。

2.3 小　　结

PHM 是视情维修策略的重要组成部分，本章首先介绍了视情维修策略内涵，进而介绍了 PHM 的基本概念和所包含的主要模块。针对各个模块，本章着重介绍了其作用和常见方法，使读者对 PHM 的基本理论有简要的认识。本书下面各章主要针对故障预测算法进行阐述。

参考文献

[1] 彭宇，刘大同，彭喜元. 故障预测与健康管理技术综述 [J]. 电子测量与仪器学报，2010，24（1）：1-9.

[2] 张耀辉，郭金茂，单志伟，等. 设备预防性维修的维修级别逻辑决策分析方法 [J]. 装甲兵工程学院学报，2008（5）：40-44.

[3] 邵俊捷，邓洋，于闯. 故障预测与健康管理技术在动车组中的应用 [J]. 城市轨道交通研究，2018，21（2）：102-104.

[4] 刘晓芹，黄考利，田娜，等. 设备预测与健康管理体系结构及关键技术 [J]. 军械工程学院学报，2010，22（3）：1-5.

[5] 王亮，吕卫民，冯佳晨. 导弹 PHM 系统中的传感器应用研究 [J]. 战术导弹技术，2011（2）：110-114.

[6] 廖红卫. 压力传感器温度补偿仪的设计 [J]. 数字技术与应用，2011（9）：67-70.

[7] 滕跃，王聪. 复杂装备日常运行数据标准化预处理方法研究 [J]. 中国标准化，2017（12）：50-51.

[8] 陈磊，余建坤，邢晓宇. 谱系聚类在综合国力分析中的应用 [J]. 云南民族大学学报（自然科学版），2009，18（1）：85-88.

[9] 张细政，邢立宁，伍栖，等. 基于遗传算法的数据挖掘方法及应用 [J]. 哈尔滨工程大学学报，2006，24（7）：384-388.

[10] 董奎义，王子明，杨根源. 基于粗糙集与神经网络方法的空袭目标类型识别模型研究 [J]. 电光与控制，2011，18（1）：10-13.

［11］张金玉, 张炜. 装备智能故障诊断与预测［M］. 北京：国防工业出版社, 2013.

［12］马硕, 焦现炜, 田柯文, 等. 故障预测技术发展与分类［J］. 兵器设备工程学报, 2013, 34（2）：92-95.

［13］张登. 接触联接结构的故障预测和动力学特性分析［D］. 南京：南京航空航天大学, 2012.

［14］张海林, 周林, 邓铁柱. 武器设备状态维修决策问题研究［J］. 现代防御技术, 2010, 38（2）：9-12.

第 3 章

故障预测基本方法

3.1 故障预测方法分类

自20世纪90年代PHM技术产生至今，研究者对其的关注程度和研究推进持续提升，故障预测方法体系不断演进、完善和发展。尤其是随着PHM概念和内容从航空领域向航天、核电、船舶、汽车、高铁等多种工业领域拓展，故障预测概念和内容得到了快速的扩充，新思路、新算法、新模型与实际应用相互促进、共同发展。

在整个PHM体系中，故障预测方法是实现设备故障诊断、性能退化状态评估和剩余寿命预测的核心[1]。关于故障预测方法的分类，目前不同研究机构和组织的提法不尽相同，本书将其分为基于先验知识模型（knowledge-based model）、物理模型（physics-based model）、数据驱动模型（data-driven model）和集成模型（ensemble approach）。

物理模型具有较高的预测精度，但由于针对复杂设备建模难度大、成本高和模型方法适用性低，在一定程度上限制了物理模型在不同工业领域的推广。数据驱动模型具有较好的适用性和较低的建模成本，但是由于只依赖监测数据，数据驱动模型的预测精度较物理模型低，并且模型一般为黑箱子，缺少可解释性，这大大限制了数据驱动模型在工业中的应用。集成模型可以综合利用物理模型和数据驱动模型的优势、降低二者应用的限制，受到了越来越多研究学者的认可，已经成为目前故障预测领域的研究热点之一。

本章主要对物理模型、数据驱动模型和集成模型进行详细介绍。

3.2 物理模型

3.2.1 物理模型简介

基于物理模型的故障预测技术一般要求，对象设备的数学模型是已知的，这类方法提供了一种掌握被预测组件或系统退化过程的技术手段。比如，在系统工作条件下通过对功能损伤的计算来评估关键零部件的损耗程度，并实现在有效寿命周期内评估部件使用中的损伤累积效应；用集成物理模型和随机过程建模，评估部件剩余寿命的分布情况。基于模型的故障预测技术具有能够深入研究对象故障本质的特点和实现实时故障预测的优点[1]。

采用物理模型进行故障预测时，根据预测对象系统的稳态或瞬时负载、温度或其他在线监测信息构建预测模型框架，并统计系统或设备历史运行情况或预期运行状态，进行系统未来运行状态的仿真预测[1]。通常情况下，对象系统的故障特征与所用模型的参数紧密联系，随着对设备或系统故障演化机制研究的逐步深入，可以逐渐修正和调整模型以提高其预测精度。在实际工程应用中，往往要求研究对象的数学模型具有较高的精度。但与之相矛盾的问题是，通常难以针对复杂动态系统建立精确的数学模型。因此，基于物理模型的故障预测技术的实际应用和效果受到了很大的限制，尤其是对复杂设备的故障预测，很难或者几乎不可能针对预测对象建立精确的数学模型。

典型的基于物理模型的故障预测方法包括基于失效物理的模型、累积损伤模型、疲劳寿命模型、损伤标尺模型、随机损伤传播模型和集总参数模型等。目前，基于物理模型的方法大多应用于飞行器、旋转机构等机械、机电系统中，或集中于材料、结构、机械部件等系统底层基础性单元或部件，而对于复杂电子系统，由于其故障模式和失效机制相对复杂，其故障预测的模型化研究相对滞后[1]。

物理模型都是针对特定对象进行研究获得的，往往具有较低的通用性和普适性。目前，研究文献中针对不同对象，如裂纹、电池、旋转件、电子元器件等，建立了大量的物理模型。由于本书内容的安排和篇幅的限制，本章节将只针对几个常见的物理模型进行介绍，感兴趣的读者可以参考相关文献。

3.2.2 主要物理模型介绍

3.2.2.1 损伤标尺模型

损伤标尺是针对一种或多种故障机制，以被监控产品相同的工艺过程制造出来的、预期寿命比被监控对象短的产品[2]。

基于对被监控对象特定失效机制的认识，损伤标尺可以做到定量设计。通过一系列不同健壮程度的损伤标尺，可以实现电子产品损伤过程的连续定量监控，解决寿命损耗监测（life consuming monitoring，LCM）法累计损伤程度难以证实的问题[2]。如图 3.2-1 所示，由于损伤标尺与被监控对象处在同一工作环境中，保证了其损伤机制的一致性。图 3.2-2 展示了在多个损伤标尺下，估计被监测对象故障时间分布。不同损伤标尺的失效时间不同，而其失效时间与被监测对象失效时间的关系是已知的[3]，故可以通过损伤标尺的失效时间估计被监测对象的失效时间。

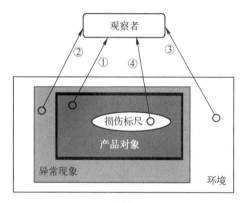

图 3.2-1　损伤标尺示意图

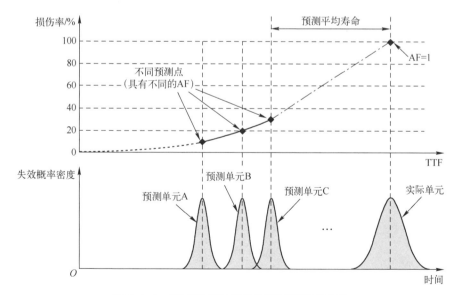

图 3.2-2　基于损伤标尺的故障预测模型示例

基于损伤标尺的故障预测可以在器件内和电路板级进行。器件内的损伤标尺，目前已有商业化的产品。针对静电损伤、与时间相关的栅介质击穿、电迁移、热载流子引起的失效和辐射损伤等失效机制，做到了在宿主器件剩余20%寿命时失效[2]。目前，国外军品器件大量断档的现实，为器件内的损伤标尺开辟了更大的应用空间。内建损伤标尺的器件，同时也是电路板组件的损伤标尺。

3.2.2.2 疲劳寿命预测模型

发生疲劳破坏时的载荷循环次数，或从开始受载到发生断裂所经过的时间称为该材料或构件的疲劳寿命。

疲劳寿命的种类很多。从疲劳损伤的发展看，疲劳寿命可分为裂纹形成和裂纹扩展两个阶段：结构或材料从受载开始到裂纹达到某一给定的裂纹长度为止的循环次数称为裂纹形成寿命[4]；此后扩展到临界裂纹长度为止的循环次数称为裂纹扩展寿命。从疲劳寿命预测的角度看，这一给定的裂纹长度与预测所采用的寿命性能曲线有关。此外，还有三阶段疲劳寿命模型和多阶段疲劳寿命模型等。

疲劳破坏是一个累积损伤的过程。对于等幅交变应力，可用材料的 $S-N$ 曲线来表示在不同应力水平下达到破坏所需要的循环次数。于是，对于给定的应力水平 σ，就可以利用材料或零部件的 $S-N$ 曲线，确定该零件至破坏时的循环数 N，亦即估算出零件的寿命，但是，在仅受一个应力循环加载的情况下，才可以直接利用 $S-N$ 曲线估算零件的寿命。如果在多个不同应力水平下循环加载就不能直接利用 $S-N$ 曲线来估计寿命了[4]。对于实际零部件，所承受的是一系列循环载荷，因此还必须借助疲劳累积损伤理论。

损伤是指在疲劳载荷谱作用下材料的改变（包括疲劳裂纹大小的变化、循环应变硬化或软化以及残余应力的变化等）或材料的损坏程度[5]。在一定的循环特征下，材料可以承受无限次应力循环而不发生破坏的最大应力称为在这一循环特征下的持久极限或疲劳极限。通常应力比 $R=-1$ 时，持久极限的数值最小。习惯上，如果不加说明，则材料的持久极限都是指 $R=-1$ 时的最大应力。这时，最大应力值就是应力幅的值，用 S_{-1} 表示。在工程应用中，传统的方法是规定一个足够大的有限循环次数 N_L，在一定的循环特征下，材料承受 N_L 次应力循环而不发生破坏的最大应力就是材料在该循环特征下的持久极限。

疲劳累积损伤理论的基本假设是：在任何循环应力幅下工作都将产生疲劳损伤，疲劳损伤的严重程度与该应力幅下工作的循环数，以及无循环损伤的试样在该应力幅下产生失效的总循环数有关[6]。而且每个应力幅下产生的损伤是永存的，并且在不同应力幅下循环工作所产生的累积总损伤等于每一应力水平下损伤之和。当累积总损伤达到临界值就会产生疲劳失效。目前提出多种疲劳累积损伤理论，应用比较广泛的主要有以下3种：线性损伤累积理论、修正的线性损伤累积理论和经验损伤累积理论。

线性损伤累积理论在循环载荷的作用下，疲劳损伤是可以线性累加的，各个应力之间相互独立和互不相干，当累加损伤达到某一数值时，试件或构件就发生疲劳破坏，线性损伤累积理论中典型的是Miner理论。

根据该理论，假设在应力σ_i下材料达到破坏的循环次数为N_i，设D为最终断裂时的临界值。根据线性损伤理论，应力σ_i每作用一次对材料的损伤为D/N_i，则经过n_i次后，对材料造成的总损伤为$n_i D/N_i$。

当各级应力对材料的损伤综合达到临界值D时，材料即发生破坏，因此可推出：

$$\sum_{i=1}^{n} \frac{n_i}{N_i} = 1 \qquad (3.2-1)$$

式（3.2-1）称为线性累积损伤方程式，或帕姆格伦-迈因纳方程式（Palmgren-Miner equation）。

线性损伤累积理论比较简单、方便，但是线性损伤累积理论没有考虑应力之间的相互作用，而使预测结果与试验值相差较大，有时甚至相差很远，从而提出了修正线性损伤累积理论，其中典型的是Carten-Dolan理论。图3.2-3表示了疲劳寿命预测模型的基本原理。

以电子产品为例，建立累积损伤模型就是基于物理失效和原位监测对电子产品实际的寿命周期载荷进行收集与分析，来评估产品的退化趋势。寿命周期载荷是指产品寿命周期内所承受的全部外部载荷条件。电子产品寿命周期中的典型阶段包括制造、储存、处理、运行和非运行等。在整个寿命周期中，导致电子产品破坏的载荷类型有多种，包括温度、湿度、振动、冲击、太阳能辐射、电磁辐射、压力、化学、沙尘等[7]。为建立复合载荷累积损伤模型，需要在电子产品中嵌入一个或多个传感器来监测影响产品可靠性的外部载荷，如寿命损耗监测法。目前，国外的应用有：马里兰大学运用基于物理的损伤模型处理监测参数、监测寿命消耗、计算累积损伤、评估电子产品的残余寿命；Impact技术公司将传感器参数与基于物理的损伤模型相结合，对航电系统、全球定位系统（GPS）和动力系统进行寿命损耗监测[7]。

除上述三种方法外，国外研发机构也在努力探索新方法。比如，史密斯航空公司在飞机和直升机子系统中综合利用奇异值分解、主成分分析和神经网络进行非线性多元分析和异常状况检测；美国航空航天局在航天飞机中使

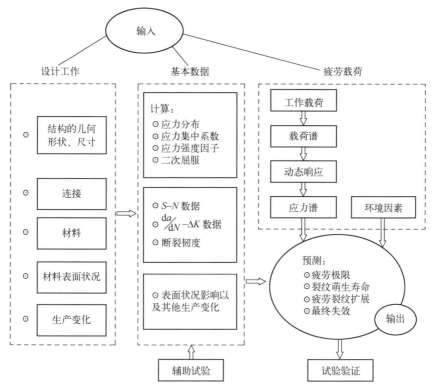

图 3.2-3 疲劳寿命预测模型的基本原理

用故障检测算法（包括高斯混合模型、隐马尔可夫模型、卡尔曼滤波、虚拟传感器等）来检测产品异常状态；范德比尔特大学在航空航天产品中使用前馈信号（泰勒级数展开）来预测故障[8]。

3.2.2.3 疲劳裂纹形成寿命预测

疲劳寿命由裂纹形成寿命和裂纹扩展寿命组成，很多工作都是将这两部分分开考虑的。因此，能否正确估计疲劳裂纹形成寿命和裂纹扩展寿命成为疲劳寿命预测的关键。本章节将介绍疲劳形成寿命预测方法。

疲劳形成寿命预测方法很多，但是按疲劳裂纹形成寿命预测的基本假定和控制参数，可将它们大致分为以下几类：名义应力法、局部应力-应变法、能量法和应力场强法等[6]。

1. 名义应力法

基本假设（图 3.2-4）：对任一构件（或结构或元件），只要应力集中系数 K_T 相同，载荷谱相同，它们的寿命就相同。此方法中名义应力为控制参数。

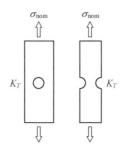

图 3.2-4 名义应力法的基本假设（K_T 为应力集中系数，σ_{nom} 为循环应力）

名义应力法的主要缺陷有：

(1) 没有考虑缺口根部的局部塑性；

(2) 标准试件和结构之间等效关系的确定非常困难。这是由于这种关系与多种因素有关，如结构的几何形状、加载方式和结构的大小、材料等。

正因为上述缺陷，名义应力法预测疲劳裂纹形成寿命的能力较低，而且名义应力法需要不同应力比 R 和不同的应力集中系数 K_T 下的 S-N 曲线。这些数据的获得需要花费大量的人力和物力。在名义应力的发展中，出现了应力严重系数（stress severity factor，SSF）法、有效应力法（effective stress method）和额定系数法（rated coefficient method）等。

2. 局部应力-应变法

基本假设（图 3.2-5）：若一个构件的危险部位（点）的应力-应变历程与一个光滑试件的应力-应变历程相同，则寿命相同。此法中的局部应力-应变是控制参数。

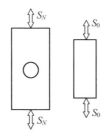

图 3.2-5 局部应力-应变法的基本假设

局部应力-应变法克服了名义应力法的两个主要缺陷，但它本身也有一定的缺陷，即"点应力准则"，因此局部应力-应变法无法考虑缺口根部附近应力梯度和多轴应力的影响。局部应力-应变法预测疲劳裂纹形成寿命需要材料的循环应力-应变 σ-ε 曲线和 ε-N_f 曲线。材料的循环 σ-ε 曲线有很多，基本上分为两类：稳态的循环 σ-ε 曲线和瞬态的循环 σ-ε 曲线。ε-N_f 曲线是描述材料应变与寿命之间关系的。ε-N_f 曲线可依据描述寿命特性的控制参数不同分为两种：$\Delta\varepsilon$-N_f 曲线和等效应变 ε_{eq}-N_f 曲线。不同的循环 σ-ε 曲线和 ε-N_f 曲线可组合成不同的局部应力-应变法，其中稳态的循环 σ-ε 曲线与 Manson-Coffin 公式和瞬态的 σ-ε 曲线及 Jaske 的 ε_{eq}-N_f 曲线相加是最常用的两种方法。

3. 能量法

基本假设（图 3.2-6）：由相同的材料制成的构件（元件或结构细节）如果在疲劳危险区承受相同的局部应变能历程，则它们具有相同的疲劳裂纹形成寿命[9]。

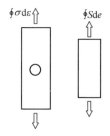

σ—真实应力；ε—真实应变；S—名义应力；e—名义应变。

图 3.2-6 能量法的基本假设

能量法的材料性能数据主要是材料的循环应力-应变曲线和循环能耗-寿命曲线。虽然在现有的能量法中均假设各循环的能耗是线性可加的，而事实上因为循环加载过程中材料内部的损伤界面的不断扩大，所以能耗总量与循环数之间的关系是非线性的。这一关键问题导致能量法难以运用于工程实际。因此，能量法可能不是一种十分合理和有前途的方法。

4. 应力场强法

基本假设（图 3.2-7）：缺口根部存在一破坏区，它只与材料性能有关，对于相同材料制成的构件，若在疲劳失效区域承受相同的应力场强历程，则它们具有相同的疲劳寿命。

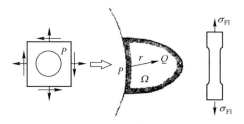

Ω—缺口破坏区；σ_{FI}—缺口应力场强度；r—P 和 Q 两点之间距离。

图 3.2-7 应力场强模型的基本假设

应力场强法从研究构件缺口部位应力分布出发,提出一个辩证地处理缺口的局部和整体状况的参数(局部应力-应变场强)来反映缺口件受载的严重程度,并认为局部应力-应变场强是疲劳裂纹形成的控制参数。

采用局部应力-应变场强参数来预测随机疲劳寿命的主要步骤与传统的局部应力-应变法基本一致,所不同之处是将缺口局部应力-应变的峰谷值由局部应力-应变场强参数代替,步骤为:

(1) 根据缺口几何参数、缺口件和光滑件的疲劳极限值,利用有限元法确定缺口损伤场半径;

(2) 输入名义载荷时间历程、材料的循环应力-应变曲线进行随机交变加载下的有限元分析,根据所确定的局部损伤场半径,同时确定出对应局部应力-应变峰谷值点的应力-应变场参数,计算出局部应力-应变场强谱;

(3) 对局部应力-应变场强谱进行循环计数;

(4) 输入疲劳性能参数和缺口几何参数,根据选定的损伤公式进行损伤计算;

(5) 选用疲劳损伤累积理论对所计算出的损伤进行累积,确定疲劳寿命[10]。

应力场强法克服了名义应力法用材料力学进行应力分析的简单、粗糙与保守,又克服了局部应力-应变法无法考虑尺寸效应等因素的缺陷。场强参数的计算比直接用应力-应变要烦琐。

3.3 数据驱动模型

3.3.1 数据驱动模型简介

在许多情况下,对于由很多不同信号引发的历史故障数据或统计数据集,很难确认何种预测模型适合。或者在研究许多实际的故障预测问题时,建立复杂部件或系统的数学模型是很困难甚至是不可能的,因此,部件或系统设计、仿真、运行和维护等各个阶段的测试、传感器历史数据就成为掌握系统性能下降的主要手段,基于测试或传感器数据进行预测的方法称为数据驱动故障预测模型[1]。

通过对研究对象的状态监测,从历史数据中认识或学习对象系统的健康或非健康行为,将原始监测数据转化为相关信息和行为模型,以对未来研究对象行为进行预测[1]。机器学习和统计分析方法是数据驱动模型的主流算法,数据驱动模型以其灵活的适应性和易用性得到了广泛的应用和推广。

数据驱动模型不需要设备故障的先验知识（物理模型和专家经验），以测试和状态监测数据为对象，评估研究设备未来的状态演化趋势，从而克服了基于物理模型的故障预测技术的缺陷。但是，实际应用中一些关键设备的典型数据（历史工作数据、故障注入数据以及仿真试验数据）的获取代价通常十分高昂，而且即使能够获取对象系统的状态数据，也往往具有很强的不确定性和不完整性，这些都大大增加了数据驱动模型的应用难度[1]。

数据驱动模型可以分为统计模型与机器学习模型。统计方法主要包括基于极大似然估计、最小均方估计、最大后验概率估计的曲线拟合方法。机器学习模型包括支持向量机、人工神经网络、高斯回归模型、粒子滤波方法、马尔可夫模型、深度学习模型等。

3.3.2 主要数据驱动模型介绍

3.3.2.1 支持向量回归机

支持向量机（SVM）本身是针对经典的二分类问题提出的，支持向量回归机（support vector regression，SVR）是支持向量机在函数回归领域的应用。SVR与SVM分类有以下不同：SVR回归的样本点只有一类，所寻求的最优超平面不是使两类样本点分得"最开"，而是使所有样本点离超平面的"总偏差"最小。

对于线性情况，支持向量机函数拟合首先考虑用线性回归函数 $f(x)=\omega \cdot x+b$ 拟合数据集 (x_i, y_i)（$x_i \in R^n$ 为输入量，$y_i \in R$ 为输出量），$i=1,2,\cdots,n$，即需要确定 ω 和 b。

损失函数是SVR模型在学习过程中对误差的一种度量，一般在模型学习前已经选定，不同的学习问题对应的损失函数不同，同一学习问题选取不同的损失函数得到的模型也不一样。常用的损失函数和相应的密度函数如表3.3-1所列。

表3.3-1 常用的损失函数和相应的密度函数

损失函数名称	损失函数表达式 $\hat{c}(\xi_i)$	噪声密度 $p(\xi_i)$
ε-不敏感损失函数	$\|\xi_i\|_\varepsilon$	$\frac{1}{2(1+\varepsilon)}\exp(-\|\xi_i\|_\varepsilon)$
拉普拉斯损失函数	$\|\xi_i\|$	$\frac{1}{2}\exp(-\|\xi_i\|)$
高斯损失函数	$\frac{1}{2}\xi_i^2$	$\frac{1}{\sqrt{2\pi}}\exp\left(-\frac{\xi_i^2}{2}\right)$

续表

损失函数名称	损失函数表达式$\tilde{c}(\xi_i)$	噪声密度$p(\xi_i)$
鲁棒损失函数	$\begin{cases} \dfrac{1}{2\sigma}(\xi_i)^2 & (\|\xi_i\|\leq\sigma) \\ \|\xi_i\|-\dfrac{\sigma}{2} & (\text{其他}) \end{cases}$	$\begin{cases} \exp\left(-\dfrac{\xi_i^2}{2\sigma}\right) & (\|\xi_i\|\leq\sigma) \\ \exp\left(\dfrac{\sigma}{2}-\|\xi_i\|\right) & (\text{其他}) \end{cases}$
多项式损失函数	$\dfrac{1}{p}\|\xi_i\|^p$	$\dfrac{p}{2\Gamma(1/p)}\exp(-\|\xi_i\|^p)$
分段多项式损失函数	$\begin{cases} \dfrac{1}{p\sigma^{p-1}}\|\xi_i\|^p & (\|\xi_i\|\leq\sigma) \\ \|\xi_i\|-\sigma\dfrac{p-1}{p} & (\text{其他}) \end{cases}$	$\begin{cases} \exp\left(-\dfrac{\xi_i^p}{p\sigma^{p-1}}\right) & (\|\xi_i\|\leq\sigma) \\ \exp\left(\sigma\dfrac{p-1}{p}-\|\xi_i\|\right) & (\text{其他}) \end{cases}$

标准支持向量机一般采用 ε-不敏感损失函数,即假设所有训练数据在精度 ε 下用线性函数拟合,其数学表示为

$$\begin{cases} y_i-f(x_i)\leq\varepsilon+\xi_i \\ f(x_i)-y_i\leq\varepsilon+\xi_i^* \quad (i=1,2,\cdots,n) \\ \xi_i,\xi_i^*\geq 0 \end{cases} \quad (3.3-1)$$

式中:ξ_i、ξ_i^* 是松弛因子;当绝对回归误差大于 ε 时,ξ_i、ξ_i^* 都大于 0,否则取 0。引入松弛因子后,该问题转化为求优化目标函数最小化的问题,有

$$R(\omega,\xi,\xi^*)=\frac{1}{2}\omega\cdot\omega+C\sum_{i=1}^{n}(\xi_i+\xi_i^*) \quad (3.3-2)$$

式中,第一项使拟合函数更为平坦,从而提高预测模型的泛化能力;第二项为减小误差;常数 $C>0$ 表示对超出误差 ε 的样本的惩罚程度。从式(3.3-1)和式(3.3-2)可看出,这是一个凸二次优化问题,所以引入拉格朗日(Lagrange)函数,即

$$\begin{aligned} L=&\frac{1}{2}\omega\cdot\omega+C\sum_{i=1}^{n}(\xi_i+\xi_i^*)-\sum_{i=1}^{n}\alpha_i[\xi_i+\varepsilon-y_i+f(x_i)] \\ &-\sum_{i=1}^{n}\alpha_i^*[\xi_i^*+\varepsilon-y_i+f(x_i)]-\sum_{i=1}^{n}(\xi_i\gamma_i+\xi_i^*\gamma_i^*) \end{aligned} \quad (3.3-3)$$

式中:拉格朗日乘数 α_i,$\alpha_i^*\geq 0$,γ_i,$\gamma_i^*\geq 0$ $(i=1,2,\cdots,n)$。求函数 L 对 ω、b、ξ_i、ξ_i^* 的最小化,对 α_i、α_i^*、γ_i、γ_i^* 的最大化,代入拉格朗日函数得到对偶形式,最大化函数为

$$W(\alpha,\alpha^*) = \frac{1}{2}\sum_{i=1,j=1}^{n}(\alpha_i - \alpha_i^*)(\alpha_j - \alpha_j^*)(x_i \cdot x_j)$$

$$+ \sum_{i=1}^{n}(\alpha_i - \alpha_i^*)y_i - \sum_{i=1}^{n}(\alpha_i + \alpha_i^*)\varepsilon \quad (3.3\text{-}4)$$

其约束条件为

$$\sum_{i=1}^{n}(\alpha_i - \alpha_i^*) = 0 \quad (0 \leqslant \alpha_i, \alpha_i^* \leqslant C) \quad (3.3\text{-}5)$$

求解式（3.3-4）和式（3.3-5）其实是一个二次规划问题，由 Kuhn-Tucker 定理，在鞍点处有

$$\begin{cases}\alpha_i[\varepsilon + \xi_i - y_i + f(x_i)] = 0 \\ \xi_i \cdot \gamma_i = 0\end{cases} \begin{cases}\alpha_i^*[\varepsilon + \xi_i^* - y_i + f(x_i)] = 0 \\ \xi_i^* \cdot \gamma_i^* = 0\end{cases} \quad (3.3\text{-}6)$$

如果 $\alpha_i \cdot \alpha_i^* = 0$，且 α_i, α_i^* 不能同时为非零，则还可以得出

$$\begin{cases}(C - \alpha_i)\xi_i = 0 \\ (C - \alpha_i^*)\xi_i^* = 0\end{cases} \quad (3.3\text{-}7)$$

从式（3.3-7）可得出，当 $\alpha_i = C$，或 $\alpha_i^* = C$ 时，对应样本的绝对回归误差 $|f(x_i) - y_i|$ 可能大于 ε，与其对应的 x_i 称为边界支持向量（boundary support vector，BSV）；当 $\alpha_i^* \in (0, C)$ 时，$|f(x_i) - y_i| = \varepsilon$，即 $\xi_i = 0$，$\xi_i^* = 0$，与其对应的 x_i 称为标准支持向量（normal support vector，NSV）；当 $\alpha_i = 0$，$\alpha_i^* = 0$ 时，与其对应的 x_i 为非支持向量，它们对 ω 没有贡献。因此 ε 越大，支持向量数越小。对于标准支持向量，如果 $0 < \alpha_i < C(\alpha_i^* = 0)$，此时 $\xi_i = 0$，由式（3.3-8）可以求出参数 b 为

$$b = y_i - \sum_{j=1}^{l}(\alpha_j - \alpha_j^*)x_j \cdot x_i - \varepsilon$$

$$= y_i - \sum_{x_j \in SV}(\alpha_j - \alpha_j^*)x_j \cdot x_i - \varepsilon \quad (3.3\text{-}8)$$

同样，对于满足 $0 < \alpha_i^* < C(\alpha_i = 0)$ 的标准支持向量，有

$$b = y_i - \sum_{x_j \in SV}(\alpha_j - \alpha_j^*)x_j \cdot x_i - \varepsilon \quad (3.3\text{-}9)$$

一般对所有标准支持向量分别计算 b 的值，然后求平均值，即

$$b = \frac{1}{N_{\text{NSV}}} \Big\{ \sum_{0 < \alpha_i < C} \big[y_i - \sum_{x_j \in \text{SV}} (\alpha_j - \alpha_j^*) K(x_j, x_i) - \varepsilon \big]$$

$$+ \sum_{0 < \alpha_i^* < C} \big[y_i - \sum_{x_j \in \text{SV}} (\alpha_j - \alpha_j^*) K(x_j, x_i) - \varepsilon \big] \Big\} \quad (3.3\text{-}10)$$

因此根据样本点 (x_i, y_i) 求得的线性拟合函数为

$$f(x) = \omega \cdot x + b = \sum_{i=1}^{n} (\alpha_i - \alpha_i^*) x_i \cdot x + b \quad (3.3\text{-}11)$$

非线性 SVR 的基本思想是通过事先确定的非线性映射将输入向量映射到一个高维特征空间（Hilbert 空间）中，然后在此高维空间中再进行线性回归，从而达到在原空间非线性回归的效果。

首先将输入量 x 通过映射 $\Phi: R^n \rightarrow H$ 映射到高维特征空间 H 中用函数 $f(x) = \omega \cdot \Phi(x) + b$ 拟合数据 (x_i, y_i)，$i = 1, 2, \cdots, n$。则二次规划目标函数式（3.3-4）变为

$$W(\alpha, \alpha^*) = -\frac{1}{2} \sum_{i=1, j=1}^{n} (\alpha_i - \alpha_i^*)(\alpha_j - \alpha_j^*) \cdot [\Phi(x_i) \cdot \Phi(x_j)]$$

$$+ \sum_{i=1}^{n} (\alpha_i - \alpha_i^*) y_i - \sum_{i=1}^{n} (\alpha_i + \alpha_i^*) \varepsilon$$

$$(3.3\text{-}12)$$

式（3.3-12）涉及高维特征空间点积运算 $\Phi(x_i) \cdot \Phi(x_j)$，而且函数 Φ 是未知的、高维的。支持向量机制论只考虑高维特征空间的点积运算 $K(x_i, x_j) = \Phi(x_i) \cdot \Phi(x_j)$，而不直接使用函数 Φ，且称 $K(x_i, x_j)$ 为核函数，核函数的选取应使其为高维特征空间的一个点积，核函数的类型有多种，如：

多项式核：$k(x, x') = (\langle x, x' \rangle + d)^p$，$p \in N, d \geq 0$；

高斯核：$k(x, x') = \exp\left(-\frac{\|x-x'\|^2}{2\sigma^2}\right)$；

RBF 核：$k(x, x') = \exp\left(-\frac{\|x-x'\|}{2\sigma^2}\right)$；

B 样条核：$k(x, x') = B_{2N+1}(\|x-x'\|)$；

傅里叶核：$k(x, x') = \dfrac{\sin\left(N+\dfrac{1}{2}\right)(x-x')}{\sin\dfrac{1}{2}(x-x')}$。

因此，式（3.3-10）变成

$$W(\alpha, \alpha^*) = -\frac{1}{2} \sum_{i=1, j=1}^{n} (\alpha_i - \alpha_i^*)(\alpha_j - \alpha_j^*) \cdot K(x \cdot x_i)$$

$$+ \sum_{i=1}^{n} (\alpha_i - \alpha_i^*) y_i - \sum_{i=1}^{n} (\alpha_i + \alpha_i^*) \varepsilon \qquad (3.3\text{-}13)$$

可求得非线性拟合函数的表示式为

$$f(x) = \omega \cdot \Phi(x) + b$$

$$= \sum_{i=1}^{n} (\alpha_i - \alpha_i^*) K(x, x_i) + b \qquad (3.3\text{-}14)$$

3.3.2.2　BP人工神经网络

人工神经元的研究起源于脑神经元学说。19世纪末，在生物、生理学领域，Waldeger等创建了神经元学说。人们认识到复杂的神经系统是由数目繁多的神经元组合而成的。大脑皮层有100亿个以上神经元，每立方毫米约有数万个，它们互相联结形成神经网络，通过感觉器官和神经接受来自身体内外的各种信息，传递至中枢神经系统内，经过对信息的分析和综合，再通过运动神经发出控制信息，以此来实现机体与内外环境的联系，协调全身的各种机能活动[11]。

神经元也和其他类型的细胞一样，包括细胞膜、细胞质和细胞核。但是神经细胞的形态比较特殊，具有许多凸起，因此又分为细胞体、轴突和树突三部分。细胞体内有细胞核，凸起的作用是传递信息。树突是引入输入信号的凸起；而轴突是输出端的凸起，它只有一个。

树突是细胞体的延伸部分，它由细胞体发出后逐渐变细，全长各部位都可与其他神经元的轴突末梢相互联系，形成的"突触"。在突触处两神经元并未联通，它只是发生信息传递功能的接合部。突触可分为兴奋性与抑制性两种类型，相应于神经元之间耦合的极性。每个神经元的突触数目最高可达10个。各神经元之间的连接强度和极性有所不同，并且都可调整。基于这一特性，人脑具有存储信息的功能。利用大量神经元相互联接组成人工神经网络可显示出人脑的某些特征。

人工神经网络是由大量的简单基本元件——神经元相互联接而成的自适应非线性动态系统[12]。每个神经元的结构和功能比较简单，但大量神经元组合产生的系统行为却非常复杂。

人工神经网络反映了人脑功能的若干基本特性，但并非生物系统的逼真描述，只是某种模仿、简化和抽象。

与数字计算机比较，人工神经网络在构成原理和功能特点等方面更加接近人脑，它不是按给定的程序一步一步地执行运算的，而是能够自身适应环境，总结规律，完成某种运算、识别或过程控制。

人工神经网络首先要以一定的学习准则进行学习，然后才能工作。现以人工神经网络对手写"A""B"两个字母的识别为例进行说明,规定当"A"输入网络时,应该输出"1";而当输入为"B"时,输出为"0"[12]。

所以网络学习的准则应该是:如果网络作出错误的判决,则通过网络的学习,应使网络减少下次犯同样错误的可能性。首先,给网络的各连接权值赋予(0,1)区间内的随机值,将"A"所对应的图像模式输入给网络,网络将输入模式加权求和、与门限比较、再进行非线性运算,得到网络的输出。在此情况下,网络输出为"1"和"0"的概率各为50%,也就是说,是完全随机的。这时如果输出为"1"(结果正确),则使连接权值增大,以便使网络再次遇到"A"模式输入时,仍然能作出正确的判断。

如果输出为"0"(即结果错误),则把网络连接权值朝着减小综合输入加权值的方向调整,其目的在于使网络下次再遇到"A"模式输入时,减小犯同样错误的可能性。如此操作调整,当给网络轮番输入若干个手写字母"A""B",经过网络按以上学习方法进行若干次学习后,网络判断的正确率将大大提高。这说明网络对这两个模式的学习已经获得了成功,它已将这两个模式分布地记忆在网络的各个连接权值上[12]。当网络再次遇到其中任何一个模式时,能够作出迅速、准确的判断和识别。一般来说,网络中所含的神经元个数越多,它能记忆、识别的模式也就越多。

人工神经网络主要具有以下几个特点:

(1)自适应能力。人类大脑有很强的自适应与自组织特性,后天的学习与训练可以开发许多各具特色的活动功能[13]。如盲人的听觉和触觉非常灵敏;聋哑人善于运用手势;训练有素的运动员可以表现出非凡的运动技巧等。

人工神经网络也具有初步的自适应与自组织能力。在学习或训练过程中改变突触权重值,以适应周围环境的要求。同一网络因学习方式及内容不同可具有不同的功能。人工神经网络是一个具有学习能力的系统,可以发展知识,直至超过设计者原有的知识水平。通常,它的学习训练方式可分为两种:一种是有监督或称为有导师的学习,这时,利用给定的样本标准进行分类或模仿;另一种是无监督学习或称为无导师学习,这时,只规定学习方式或某些规则,具体的学习内容随系统所处环境(即输入信号情况)而异,系统可以自动发现环境特征和规律性,具有更近似人脑的功能。

(2)泛化能力。泛化能力指对没有训练过的样本,有很好的预测能力和控制能力。特别是,当存在一些有噪声的样本时,网络具备很好的预测能力。

(3)非线性映射能力。当系统对于设计人员来说很透彻或者很清楚时,一般会用数值分析、偏微分方程等数学工具建立精确的数学模型;但当系统对于设计人员来说很复杂，或者系统未知、信息量很少很难建立精确的数学模型时，神经网络的非线性映射能力就会表现出优势，因为它不需要对系统有透彻的了解，以及能达到拟合输入与输出的映射关系的能力，这就大大降低了设计的难度。

（4）高度并行性。并行性具有一定的争议性。承认具有并行性理由：神经网络是根据人的大脑而抽象出来的数学模型，由于人可以同时做一些事，因此从功能的模拟角度看，神经网络也应具备很强的并行性。

在人工神经网络中，应用最普遍的是多层前馈网络模型。在1986年，Rumelhant和McClelland提出了多层前馈网络的误差反向传播（error back propagation）学习算法，简称BP算法，这是一种多层网络的逆推学习算法[14]。由此采用BP算法的多层前馈网络也被称为BP网络。

1. 多层人工神经网络结构

图3.3-1所示为多层人工神经网络结构，它由输入层、隐藏层（中间层）和输出层组成。

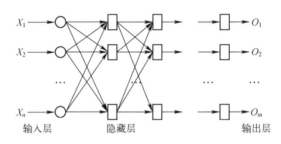

图3.3-1 多层人工神经网络结构

2. BP算法

BP算法由信号的正向传播和误差的反向传播两个过程组成。

（1）信号的正向传播：输入样本从输入层进入网络，经隐藏层逐层传递至输出层，如果输出层的实际输出与期望输出（导师信号）不同，则转至误差反向传播；如果输出层的实际输出与期望输出（导师信号）相同，结束学习算法。

（2）误差的反向传播：将输出误差（期望输出与实际输出之差）按原通路反传计算，通过隐藏层反向，直至输入层，在反传过程中将误差分摊给各层的各个神经元，获得各层各神经元的误差信号，并将其作为修正各单元权值的依据。这一计算过程使用梯度下降法完成，在不停地调整各层神经元的权值和阈值后，使误差信号减小到最低限度。

3. 算法学习规则

对于输入输出对(X,Y)，网络的实际输出为O，w_{ij}为前一层第i个神经元输入后一层第j个神经元的权重，当神经元为输入层单元时，$O=X$。激发函数为半线性函数。BP算法的学习规则为

$$w_{ji} = w_{ji} + \eta \delta_j x_i$$

$$\theta_j = \theta_j - \eta \delta_j$$

$$\delta_j = \begin{cases} (y_j - o_j)o_j(1-o_j) & (\text{神经元为输出神经元}) \\ \left(\sum_m \delta_m w_{mj}\right)o_j(1-o_j) & (\text{神经元为隐层神经元}) \end{cases} \quad (3.3\text{-}15)$$

式中：w_{ji}为前一层的第i个神经元与当前层的第j个神经元之间连接的权重；θ_j为第j个神经元的阈值或偏置，通过调整偏置值，可以根据净输入是否超过此阈值来激活（或不激活）神经元；η为学习率，它决定了优化过程中步长的大小，较高的学习率可能会更快地收敛，但可能会超过最小值，而较低的学习率收敛较慢，但可以提供更精确的收敛；δ为神经元中的误差项，在反向传播阶段使用此误差来调整权重和偏置，其中δ_m隐藏层中第m个神经元的误差项；x_i为前一层的第i个神经元的输入值；o_j为在应用激活函数到输入的加权和后，第j个神经元的输出；y_j为在训练期间，第j个神经元的目标值或期望输出。

带"势态项"的BP算法学习规则为

$$\begin{cases} w_{ji}(t+1) = w_{ji}(t) + \eta \delta_j o_i + a\Delta w_{ji}(t) \\ \theta_j(t+1) = \theta_j(t) - \eta \delta_j + a\Delta \theta_j(t) \end{cases} \quad (3.3\text{-}16)$$

式中：a为常数，决定过去权重的变化对目前权值变化的影响程度；$\Delta w_{ji}(t)$为上一次权值的变化量。

4. 算法步骤

以激活函数全部取$f(x) = \dfrac{1}{1+e^{-x}}$为例，则BP算法步骤详细描述如下。

（1）置各权值或阈值的初始值：$w_{ji}(0)$、$\theta_j(0)$为小的随机数。

（2）提供训练样本：输入矢量$X_k(k=1,2,\cdots,p)$，期望输出$y_k(k=1,2,\cdots,p)$，对每个输入样本进行下面（3）～（5）的迭代。

（3）计算网络的实际输出及隐藏层单元的状态为

$$o_{kj} = f\left(\sum_i w_{ji} o_{ki} - \theta_j\right) \quad (3.3\text{-}17)$$

（4）计算训练误差为

$$\delta_{kj} = \begin{cases} (y_{kj} - o_{kj})o_{kj}(1 - o_{kj}) & （输出层） \\ \left(\sum_m \delta_m w_{mj}\right)o_{kj}(1 - o_{kj}) & （隐含层） \end{cases} \qquad (3.3-18)$$

（5）修正权值和阈值，有

$$\begin{cases} w_{ji}(t+1) = w_{ji}(t) + \eta\delta_j o_{ki} + a\Delta w_{ji}(t) \\ \theta_j(t+1) = \theta_j(t) - \eta\delta_j + a\Delta\theta_j(t) \end{cases} \qquad (3.3-19)$$

（6）当 k 每经历 $1\sim p$ 后，计算

$$E = \sqrt{\frac{\sum_{k=1}^{p}\sum_{j=1}^{s}(y_{kj} - d_{kj})^2}{ps}} \qquad (3.3-20)$$

式中：d_{kj} 为网络实际输出；E 为网络的总误差，通常在神经网络训练中，目标是最小化这个总误差；s 为输出层神经元的数量。如果 $E \leq \varepsilon$，则到（7）；否则到（3）。

（7）结束 BP 算法。

3.3.2.3　自回归积分移动平均模型（ARIMA）

1. 模型基础

（1）AR(p)（p 阶自回归模型）。

p 阶自回归模型的基本表达式为

$$x_t = \delta + \phi_1 x_{t-1} + \phi_2 x_{t-2} + \cdots + \phi_p x_{t-p} + u_t \qquad (3.3-21)$$

式中：δ 为常数（表示序列数据没有 0 均值化）；ϕ_p 为自回归系数，表示时间序列过去值的影响程度；L 为滞后算子，当它作用于时间序列时，会将序列向后移动一个时间单位；x_t 为时间序列在时间点 t 的值；μ 为时间序列的均值或长期趋势；u_t 为时间点 t 的随机扰动或误差项，通常假设它们是白噪声。

AR(p) 等价于 $(1 - \phi_1 L - \phi_2 L^2 - \cdots - \phi_p L^p)x_t = \delta + u_t$；

AR(p) 的特征方程是：$\Phi(L) = 1 - \phi_1 L - \phi_2 L^2 - \cdots - \phi_p L^p = 0$；

AR(p) 平稳的充要条件是特征根都在单位圆之外。

（2）MA(q)（q 阶移动平均模型）。

q 阶移动平均模型的基本表达式为

$$x_t = \mu + u_t + \theta_1 u_{t-1} + \theta_2 u_{t-2} + \cdots + \theta_q u_{t-q} \qquad (3.3-22)$$

$$x_t - \mu = (1 + \theta_1 L + \theta_2 L^2 + \cdots + \theta_q L^q)u_t = \Theta(L)u_t \qquad (3.3-23)$$

式中：$\theta_1, \theta_2, \cdots, \theta_q$ 为移动平均系数，它们影响模型中随机扰动的前 q 个时期的权重；u_t 为时间点 t 的随机扰动或误差项；$\Theta(L)$ 为移动平均多项式的表示方式，它是 L 的函数，用于简化移动平均模型的表示。

MA(q)是由u_t本身和q个u_t的滞后项加权平均构造出来的,因此它是平稳的;

MA(q)具有可逆性(用自回归序列表示u_t),即$u_t=[\Theta(L)]^{-1}x_t$。

可逆条件即$[\Theta(L)]^{-1}$的收敛条件:$\Theta(L)$每个特征根绝对值大于1,即全部特征根在单位圆之外。

(3) ARMA(p,q)(自回归移动平均过程)。

自回归移动平均过程的基本表达式为

$$x_t=\phi_1 x_{t-1}+\phi_2 x_{t-2}+\cdots+\phi_p x_{t-p}+\delta+u_t+\theta_1 u_{t-1}+\theta_2 u_{t-2}+\cdots+\theta_q u_{t-q} \quad (3.3\text{-}24)$$

$$\Phi(L)x_t=(1-\phi_1 L-\phi_2 L^2-\cdots-\phi_p L^p)x_t$$
$$=\delta+(1+\theta_1 L+\theta_2 L^2+\cdots+\theta_q L^q)u_t=\delta+\Theta(L)u_t \quad (3.3\text{-}25)$$

$$\Phi(L)x_t=\delta+\Theta(L)u_t \quad (3.3\text{-}26)$$

ARMA(p,q)平稳性的条件是方程$\Theta(L)=0$的根都在单位圆外;可逆性条件是方程$\Theta(L)=0$的根全部在单位圆外。

(4) ARIMA(p,d,q)(自回归积分移动平均模型)。

在自回归积分移动平均模型中,差分算子被定义为

$$\begin{cases} \Delta x_t=x_t-x_{t-1}=x_t-Lx_t=(1-L)x_t \\ \Delta^2 x_t=\Delta x_t-\Delta x_{t-1}=(1-L)x_t-(1-L)x_{t-1}=(1-L)^2 x_t \\ \Delta^d x_t=(1-L)^d x_t \end{cases} \quad (3.3\text{-}27)$$

对d阶单整序列x_t,有

$$w_t=\Delta^d x_t=(1-L)^d x_t \quad (3.3\text{-}28)$$

式中:w_t为平稳序列,于是可对w_t建立ARMA(p,q)模型,所得到的模型称为$x_t\sim$ARIMA(p,d,q),模型形式是:

$$w_t=\phi_1 w_{t-1}+\phi_2 w_{t-2}+\cdots+\phi_p w_{t-p}+\delta+u_t+\theta_1 u_{t-1}+\theta_2 u_{t-2}+\cdots+\theta_q u_{t-q} \quad (3.3\text{-}29)$$

$$\Phi(L)\Delta^d x_t=\delta+\Theta(L)u_t \quad (3.3\text{-}30)$$

由此可转化为ARMA模型。

2. 模型识别

要建立模型ARIMA(p,d,q),首先要确定p,d,q的取值,步骤是:

(1) 用单位根检验法,确定$I(d)$的d;

(2) 确定$x_t\sim$AR(p)中的p;

(3) 确定$x_t\sim$MA(q)中的q。平稳序列自相关函数为

$$\rho_k=\frac{\text{Cov}(x_t,x_{t+k})}{\sqrt{\text{Var}(x_t)}\sqrt{\text{Var}(x_{t+k})}}=\frac{\text{Cov}(x_0,x_k)}{\sqrt{\text{Var}(x_0)}\sqrt{\text{Var}(x_0)}}=\frac{r_k}{r_0} \quad (3.3\text{-}31)$$

式中:$\rho_0=1$,$\rho_{-k}=\rho_k$(对称)。

3.4 集成模型

3.4.1 集成模型简介

故障预测是指建立目标反应与相关参数之间的数学关系，然后使用该数学关系预测设备在未知的将来的状况。但是，实际应用中往往面临着两个局限：一是现实监测数据中往往包含一定的噪声，这些噪声会影响故障预测方法的普适性，并且容易在该数据上过拟合；二是很多故障预测算法都有其使用上的局限性，在使用的过程中，很有可能发生的状况是使用者所考虑的故障预测模型中并不包含最优的故障模型。由于以上局限性，针对某一具体案例建立完美的预测模型几乎是不可能的。另外，不同的故障预测模型由于其自身对数据挖掘的机制不同，很可能针对同一数据建立不同的拟合关系。不同故障预测算法之间的差异性使建立集成模型是非常有必要的。

基于集成模型的故障预测技术是目前 PHM 领域方法研究的重要方向之一。其总体思路是发挥不同类型方法的各自优势，弥补不同类型方法的不足，如不同数据驱动方法的组合或融合、数据驱动和物理模型方法的融合，可有效提高故障预测的总体性能。根据建立集成模型中子模型的方法，可以将其分为两类：

（1）使用相同方法，但是不同的数据训练子模型：即集成模型中各子模型的故障预测算法是相同的（如故障树或人工神经网络），但是用于训练各子模型的数据是不同的。不同的训练数据主要有两种形式：一是各子模型训练集的特征变量是相同的，但是所选用的数据样本不同；二是各子模型训练集使用相同的数据样本，但选择不同特征变量组合训练不同的子模型。

（2）使用不同的故障预测方法训练子模型：即根据不同故障预测算法的优劣，将其合理组合，以产生比单一故障预测算法更好的预测结果。根据训练子模型的故障预测算法类型的不同，可以分为 3 类：一是使用不同的数据驱动模型；二是使用不同的经验物理模型；三是混合使用数据驱动模型和物理模型建立集成模型。

建立集成模型的过程主要包括以下几个主要步骤：

（1）数据处理：数据处理对建立有效、准确的故障预测模型是非常重要的。数据处理的过程一般包括降噪、特征提取、数据分区等。

（2）模型的差异性：集成模型的成功在于其子模型的误差不具有高度的相关性。如果各子模型在相同的数据上产生误差，那么将不能通过建立集成模型有效地提高故障预测准确度。所以,子模型间的差异性相对于集成模型是一个重要的设计特征。通常,可以在数据、特征、预测方法3个层面增加模型之间的差异性。

(3) 模型选择:针对集成模型,模型选择主要包括3个方面:一是集成模型的维度,即集成模型中包含多少个子模型;二是为每个子模型选择合适的故障预测算法;三是针对每个子模型选择最优的参数。

(4) 融合方法:不同的子模型不会产生完全相同的预测结果。融合方法需要从中选择部分或全部结果进行融合,产生集成模型最终的预测结果。融合方法主要包含两部分,即待被融合结果和结果融合函数。

(5) 模型验证:模型验证对于集成模型是非常重要的。验证的主要内容包括子模型的差异性、子模型预测性能、融合方法的有效性和合理性、子模型计算性能等。

3.4.2 基于数据驱动模型的集成模型

针对基于数据驱动模型的集成模型,滑铁卢大学的 Tarek Abdunabi 博士[15]在其博士论文中,从3个方面论述了集成模型结果优于单一故障预测模型的原因:

(1) 从统计的角度,如图3.4-1所示:数据驱动故障预测模型的目的是基于学习算法在所有可能假设组成的空间中寻找最优的假设(模型)。如果可用的训练数据样本量相对于整个假设空间非常少,统计问题就出现了。在没有足够训练数据的前提下,很多假设(模型)都可以在有限的训练集上具有同样优秀的表现,但是这些假设(模型)的泛化能力不同。如果从中随机选择一个作为最终的假设(模型),那么我们可能会选错模型。通过建立可以融

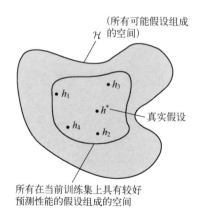

图 3.4-1　从统计的角度看使用集成模型的必要性

合多个预测模型结果的集成模型，可以很好地规避这类风险。

（2）从计算的角度，如图3.4-2所示：对于数据驱动算法本身的缺陷、数据融合等计算需求来说，集成模型也是非常有效的。有些模型，如负反馈人工神经网络，经常会在优化的过程中落入局部最优。即使提供足够的训练数据，寻找全局最优对于某些数据驱动算法也是耗时费力的。那么，通过建立由多个具有不同起始点的子模型组成的集成模型，可以最大限度地寻找全局最优，进而采取融合方法就会取得比单一模型更好的结果。同时，在大数据时代，使用大量数据训练一个模型几乎是不可能的。一个更好的选择是建立一个由多个子模型组成的集成模型。其中，每个子模型拟合一部分数据。在数据量较小的情况下，也可以通过采样方法产生不同的训练集，然后训练多个预测模型并组成集成模型。

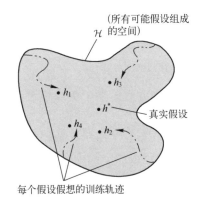

图3.4-2　从计算的角度看使用集成模型的必要性

（3）从表达的角度，如图3.4-3所示：在假设（模型）的可能空间内，无法选择其中某个假设来表示真实假设（模型），因为真实假设并不被包含在现有的空间内。那么通过集成多个假设（模型），可以得到一个接近真实假设的结果。

根据集成模型中子模型的逻辑关系，集成模型的拓扑结构可以分为以下几种：

（1）平行结构（图3.4-4）：通过结合不同子模型的预测结果，形成集成模型的预测结果。这是最常见的集成模型的结构，也是目前绝大多数文献中所采用的拓扑结构。集成模型的性能主要取决于结合器（融合方法）的选择，也就是如何有效结合各子模型的预测结果。结合器需要在结合各子模型的结果中去除较差模型结果的影响，进而提高集成模型的总体预测性能。

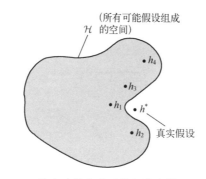

图 3.4-3　从表达的角度看使用集成模型的必要性

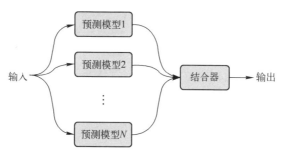

图 3.4-4　平行结构的集成模型

（2）级联结构（图 3.4-5）：一个子模型的输出作为下一个子模型的输入。集成模型的输出是最后一个子模型的输出结果。这一结构的缺点是，后面子模型无法更正前面子模型的预测误差。

图 3.4-5　级联结构的集成模型

（3）分级结构（图 3.4-6 和图 3.4-7）：同时结合级联结构和平行结构，以达到降低两者的缺陷并提高集成模型性能的目的。

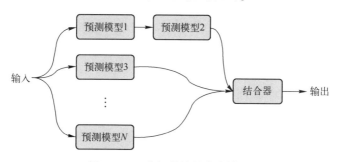

图 3.4-6　分级结构的集成模型

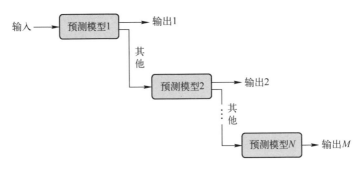

图 3.4-7　串联分级结构的集成模型

（4）条件结构（图 3.4-8）：首先选中一个子模型进行预测。如果该模型不能给出准确的结果，则使用另外一个子模型。通常将两个子模型分成主要模型和次要模型。在进行预测时，首先考虑使用主要模型。然后根据主要模型的预测结果，决定是否启用次要模型进行预测。该结构的一个缺点是，在线预测评判主要模型预测结果的准确度不高。

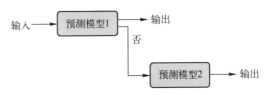

图 3.4-8　条件结构的集成模型

（5）混合结构（图 3.4-9）：通过选择器选择最好的单个或多个子模型生成预测结果。这一结构可以看作平行结构和串联结构的综合。但结构的复杂性是混合结构的主要缺点。

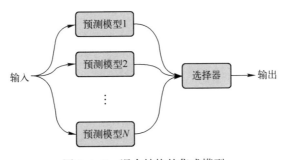

图 3.4-9　混合结构的集成模型

3.5 传统故障预测方法的不足

现有方法已经在设备故障预测领域取得了显著的成果，但是也有很多的不足。主要包括以下几方面：

(1) 自适应性：传统方法多采用线下形式训练模型结构和参数，然后使用该模型进行故障预测。针对物理模型，现有方法多通过收集历史数据估计模型中的参数值。而数据驱动模型多通过收集退化数据选择和训练最优的模型。在使用这些模型进行故障预测时，模型的结构和参数通常保持不变。但是，真实的退化过程往往是时变的。首先，随着时间的推移，收集到的有关设备故障的数据越来越多，而这些数据中所包含的有用信息并没有得到充分利用。其次，固定结构和参数的模型所包含的退化和故障信息是有限的，往往不能涵盖设备所有可能的故障模式。随着时间的推移，真实预测模型的结构和参数往往会发生漂移或改变，线下训练的模型的性能会有一定程度的下降，这就需要提高模型自适应性，即自动根据数据和环境变化进行更新。

(2) 多源信息融合：随着设备复杂度和智能化的提高，系统数据来源的多样性也随之提高。首先，可监测变量的种类增多：随着传感器智能化和小型化，与设备相关的可监测变量增多，如温度、压力、湿度、压强、流量、辐射量、环境温度、噪声值、振动频率等。其次，由于监测手段的多样性，监测数据的类型更多：除了传统的数值型监测数据外，还包括音频、视频、照片等形式。因此，随着信息种类和类型的增多，故障预测算法需要针对多源数据开展信息融合技术的研究，利用多源信息提高故障预测的准确度和可信度。

(3) 不确定性度量：传统方法的另外一个不足是预测结果不确定性度量方法研究的不足。在实际问题中，传感器数据的噪声、模型性能的局限性、所收集信息的有限性等都会造成故障预测结果的不确定性。而故障预测结果的误差会造成不必要的维修活动。过于乐观的设备剩余寿命预测结果还会造成不必要的故障发生以及故障可能带来的灾难性后果。虽然目前现有方法已经在一定程度上对预测结果的不确定性展开了研究，但是目前还没有一个可以处理不同不确定性来源的统一方法。基于物理模型的故障预测算法结果的不确定性来源主要包括：①简化模型和模型参数的不确定性；②未来工作负载和环境的不确定性；③收集数据的特征参数的不完备性。对于基于数据驱动的故障预测方法，其结果的不确定性主要来源于：①监测数据误差；②剩余寿命预测过程中不确定性累积和传递；③不当的数据处理方法带来有用信息的丢失；④设备运行环境与训练数据的差异性。对预测结果不确定性的评估和计算有助于量化故障预测系统的置信水平。这对提高预测系统的工程应用价值是不可或缺的。目前，还缺少通用的可以合理并准确量化预测结果不确定性的方法。

（4）基于预测结果的维修决策：故障预测的目的是优化维修活动。优化维修活动的主要目的是最大化设备的可靠性和可用性，或者最小化设备的风险和成本。优化维修活动可以为设备操作人员和保障人员提供合理的操作和维修建议，进而达到降低风险和全寿命周期成本的目的。当前的研究将故障预测和维修保障优化隔离开，不能真正地展现预计性维修的优势。未来的研究需要针对故障预测结果及其不确定性研究维修保障活动的优化方法，进而实现真正的预计性维修。

3.6 小　结

本章针对故障诊断与预测的基本方法进行了分类论述，并详细介绍了常见的故障预测方法。读者在清晰理解故障预测方法系统的基础上，可以针对特定的故障预测问题，选择合适的方法进行建模和计算。同时，针对故障预测的研究成果，论述了当前算法研究的不足和面临的挑战。

本书下面章节将对自适应故障预测模型进行详细的介绍和分析。

参考文献

［1］彭宇，刘大同，彭喜元．故障预测与健康管理技术综述［J］．电子测量与仪器学报，2010，24（1）：1-9.

［2］曾声奎，PECHT M G，吴际．故障预测与健康管理（PHM）技术的现状与发展［J］．航空学报，2005，26（5）：610-616.

［3］徐玉国，邱静，刘冠军，等．基于损伤标尺的电子设备预测维修决策优化［J］．航空学报，2012，33（11）：2093-2105.

［4］李明山．等通道转角挤压制备超细晶铜的疲劳性能［D］．西安：西安建筑科技大学，2008.

［5］杨毅超，张大可，刘路．某型汽车驱动盘轴向冲击疲劳计算分析［J］．机械研究与应用，2013，26（2）：55-57.

［6］袁熙，李舜酩．疲劳寿命预测方法的研究现状与发展［J］．航空制造技术，2005（12）：80-84.

［7］钟晶鑫，王建业，梁清龙．设备电子系统故障预测与健康管理综述［J］．飞航导弹，2014（7）：72-75.

［8］王悦东，崔瑞杰，杨鑫华．基于ⅡW标准的轨道车辆焊接结构疲劳预测系统的设计与

实现［J］．大连交通大学学报，2011，32（2）：16-18.
［9］ 何柏林，王斌．疲劳失效预测的研究现状和发展趋势［J］．机械设计与制造，2012（4）：279-281.
［10］ 肖守讷，李华丽，阳光武，等．轮轨冲击对构架疲劳的影响［J］．交通运输工程学报，2008，8（3）：6-9.
［11］ 王歆峪．基于神经网络的电机故障诊断［D］．上海：上海交通大学，2013.
［12］ 刘学．基于数据挖掘的基金定投业务中客户行为的分析［D］．大连：大连海事大学，2013.
［13］ 李龙．基于神经网络的轮式小车系统的模式识别研究［D］．天津：天津科技大学，2013.
［14］ 张涛．BP神经网络在测井解释中的应用研究［D］．西安：西北大学，2010.
［15］ ABDUNABI T A. A Framework for Ensemble Predictive Modeling［D］．Waterloo：University of Waterloo，2016.

第4章

自适应故障预测

自适应故障预测是指故障预测模型的结构和/或参数不是一成不变的，而是可以根据新数据和/或新工作环境进行自主的检测、判别模型性能，并在数据特征和/或工作环境发生变化时自主更新模型结构和/或参数。

外部环境、退化模式、负载大小、服役时间等变化往往造成当前故障预测模型准确度降低，自适应故障预测随之产生。故障预测模型的自适应性涉及特征提取、特征选择、故障预测模型建立、模型性能评估、模型失效阈值设定等。本书所述自适应故障预测主要针对故障预测模型的自适应性展开叙述。

4.1 自适应故障预测的必要性

与以往静态故障预测模型不同的是，自适应故障预测模型需要根据系统和/或环境的变化，自适应地改变模型的结构和参数。其必要性主要表现为以下几个方面：

1. 动态系统

系统在退化的过程中，其退化模式和退化状态并不是一成不变的。

首先，系统在从健康状态转化为失效状态的过程中，随着外界环境、负载大小、操作人员操作方式等变化，系统在整个生命周期中的退化模式也会发生变化。以战略导弹为例。战略导弹在储存的过程中，主要的退化模式为老化等。在运输和战备使用过程中，主要的退化模式是由于运输、装配过程的震动与碰撞过程中震动带来的结构失效，如电子元器件针脚脱落、螺钉松弛等。对于舰船上使用的战略导弹，其退化模式的不同表现为海上高湿、高盐环境带来的元器件腐蚀。因此，针对同一系统，需要根据其工作环境、负载、操作情况等的变化而自适应地改变故障预测模型。针对某一故障机制的故障预测模型，往往无法适用于其他故障模式。

其次，系统在退化产生至完全失效的过程中，其退化状态是不断变化的。

根据故障性质，故障可以分为突变故障和渐变故障。突变故障在出现故障之前无明显征兆，靠早期实验或测量很难预测。突变故障发生时间短，一般带有破坏性，如调节阀卡死，流量无法调节等。渐变故障是设备在使用过程中，某些零部件因疲劳、腐蚀、磨损等使性能逐渐下降，最终超出允许值而发生故障。如冷却水管道结垢，导致流量下降，温度异常上升；轴承润滑情况不良，导致磨损加大等。这类故障所占的比重较大，可以通过早期状态检测和故障诊断来预测。针对渐变故障，其退化趋势、退化速度可能随着时间发生变化。此时，在早期建立的故障退化模型，在后期就会发生准确度降低、误差偏大的问题，需要根据故障退化的不同阶段重新建立或更新系统的故障预测模型。

2. 时间序列数据及故障模式漂移

时间序列数据是指数据量没有上限，并且随着时间推移有序出现的一系列数据。故而，其对故障预测模型有着特殊的要求和限制。时间序列数据与静态数据的主要区别表现为：

（1）数据样本无法事先给定，而是随着数据流的发展以单个样本或样本数据块的形式逐渐出现和增加的。

（2）在时间序列数据中，样本可以很快地出现，但每两个连续数据之间的时间间隔是固定的。

（3）数据流的大小有可能是无限的，因此，无法通过存储器储存所有的数据样本。

（4）每个数据样本可能只出现一次或有限的几次，然后会由于存储能力的限制被忽略。

（5）为了达到实时反应和避免数据堆积的目的，数据样本必须在有限的时间内进行处理。

（6）由于获得所有数据样本标签非常费时费力，往往只有有限的数据样本标签是可用的。

（7）数据样本标签的获得可能是有延时的。在很多情况下，样本标签的获得需要很长的时间，比如往往需要 2~3 年的时间确定某一银行客户的信誉信息。

（8）随着时间的推移，数据样本的统计信息会发生改变。

时间序列数据带来的一个最重要的问题是故障模式漂移。以数据驱动模型为例，时间序列数据会改变现有模型的最优拟合曲面。即使现有模型的拟合曲面没有发生改变，但是数据的分布发生了变化，这时也需要通过合适的方法确定分布变化的趋势。

3. 有限的数据

在退化数据充足的情况下（监督学习），模型可以比较准确地确定其结构和参数，进而预测故障的发展趋势。但是在工程实践中往往很难收集到充足的、有代表性的退化数据。基于有限故障退化数据的预测模型容易由于过拟合得到过于乐观/悲观的预测结果，降低预测结果的可信度。造成收集到的故障退化数据少的原因是多方面的。首先，关键设备研制过程中越来越多地将可靠性设计作为重要一环，系统可靠性的提高使设备在寿命周期内故障率降低，因而收集到的大部分数据是没有发生退化的设备的状态监测数据。其次，使用人员为了防止设备灾难性事故造成重大经济损失，多采用较保守的维修和保障措施，在关键部件发现故障征兆时就进行维修或更换。因此，收集设备完整退化数据的机会非常少，甚至没有数据。再次，某些设备，如航天器等，由于设备数量和运行时间有限，可以获得的退化数据量也是有限的。最后，由于复杂系统故障具有多样性，因此很难通过试验手段验证系统所有可能故障退化模式并收集相关数据。随着设备的使用，往往可以收集到更多的故障数据，这时就需要使用这些数据对现有模型的结构和参数进行校准和更新。

4. 有限的模型信息容量

给定结构的预测模型所能包含的故障退化信息是有限的。即使在数据量比较充足的情况下，训练好的数据模型受限于模型的结构，也不一定能够提取数据中的全部有用信息。比如，针对疲劳裂纹增长，多数经验退化模型针对特定条件和时期的裂纹增长有较好的拟合度，但并不存在通用的裂纹增长模型。当应力和环境发生变化时，即使在充足的数据和训练时间下，已有模型也存在不能准确拟合当前裂纹增长规律的可能性。这时就需要根据监测数据选择合适的模型结构。

5. 不确定的模型参数

绝大多数物理模型、数据驱动模型和集成模型都包含不确定的参数。而这些参数往往是通过收集的设备退化数据进行估计的。能够最大限度拟合所收集的退化数据的一组参数值被用于故障预测模型中。但是，由于模型参数具有不确定性，因此通过拟合现有退化数据寻找最优参数值的方法并不完全合理、准确。首先，模型的参数是对现有退化数据的拟合，设备未来退化的发展趋势不一定与现有数据的退化趋势相吻合。其次，很容易在现有退化数据上发生过拟合，降低模型的通用性。所以，在进行故障预测的过程中，随着时间的推移，在收集到越来越多的故障退化数据的同时，需要对模型参数进行实时的验证和改进。在模型参数不能很好地拟合新收集的数据的情况下，需要对模型参数进行更新或重新计算。

6. 全局最优的模型训练策略

通过收集的设备退化数据训练故障预测模型时，其优化目标往往是模型在整个退化数据集上的全局最优结果。这种优化方法使训练的预测模型针对整个退化数据集是最优的，但是在针对某一数据样本时无法保持最优的预测结果。这是由于个别数据样本的信息在与大多数样本信息不一致时，在全局最优的训练策略下被忽略。因此，为了使模型可以针对任意退化数据都达到最优的预测结果，需要模型可以针对特定退化数据更新其结构和参数。

4.2 自适应故障预测模型分类

针对自适应故障预测模型的分类，在文献中提到了不同的分类方法。本章节主要根据故障预测模型的类型和自适应模型更新策略介绍两种自适应故障预测模型分类方法。

（1）根据故障预测模型的类型，自适应故障预测模型可以分为三类：自适应物理模型、自适应数据驱动模型、自适应集成模型。

（2）根据自适应模型更新策略，自适应故障预测模型可以分为渐进式学习模型和触发式学习模型。渐进式学习模型解决了模型学习效率与模型训练复杂度之间的矛盾。该模型可以通过建立由多个故障预测模型组成的集合，针对不同的数据在集合中选择合适的故障预测模型；也可以通过针对每个样本建立自适应学习策略，进而实现对实时退化的准确预测。触发式学习模型是指在自适应故障预测模型中存在模型更新的触发器，而触发器直接影响建立新模型的方法。在很多情况下，变化检测器被用作触发器。

渐进式学习模型可以细分为以下几类：

① 自适应集成模型：最常见的自适应模型就是集成模型。集成模型中不同子模型被赋予不同的权重，而对各子模型的结果加权求和形成集成模型的预测结果。子模型的选择和结果结合的方法常常称为融合规则。自适应集成模型往往不是针对某一特定的预测方法的，但也有许多自适应集成模型是针对某一特定方法提出的，后者往往是根据子模型的特定参数决定融合规则。总的来讲，自适应集成模型的融合规则都是赋予子模型的预测结果一定的权重，然后通过加权求和的方式获得集成模型的预测结果。极端的情况是赋予集成模型中某一子模型权重为1，而其他子模型权重为0。在很多情况下，各子模型的权重是非零的。各子模型的权重代表了每个模型的能力，这种能力是子模型在过去数据样本的准确度、交叉验证实验中的准确度或者针对特定

预测方法的性能评估指标决定的。在自适应集成模型中，研究人员不仅需要关注各子模型权重的计算方法，也需要关注训练各子模型的方法。在训练集成模型中子模型时，需要保证各子模型的差异性。这可以通过为各子模型选择不同的训练集来实现。

② 自适应样本权重：动态样本权重是另一种非常重要的渐进式学习模型。该方法通过自适应选择模型的训练集来实现。采用与 Boosting 方法类似的思路，更多地关注预测误差较大的样本。

③ 动态特征空间：有些方法通过特征空间选择实现自适应故障预测。在自适应学习的过程中，新的特征向量可以被添加到现有特征空间中，而现有特征空间中的某些特征也会因为不再对模型性能有较大的提升而从特征空间中被去除。

④ 针对特定预测方法的自适应学习策略：比如，针对支持向量机，可以通过不断更新支持向量集来实现模型的更新，但是这一方法不能用于该方法以外的方法。在这类方法中，训练数据也可能保持不变，但是模型的参数会随着时间的推移进行适应性的改变。

触发式学习模型可以分为以下几类：

① 变化检测器：变化检测器是最常见的触发式学习模型。该方法通过检测原始数据、预测模型参数或模型输出检测设备退化的变化。变化检测器可以根据一定的方法将数据分为不同的部分，而不同部分的数据，其退化规律也是不同的。

② 训练数据窗口：有些方法通过启发式算法决定训练数据窗口的大小。启发式算法往往与预测误差有关。该方法通过查表原则，针对不同的预测误差，采取不同的动作。目前，针对某些特定预测方法已经提出了训练数据窗口大小的计算方法。

③ 自适应采样：以上两种触发式学习模型是通过改变训练数据的时间窗口实现的。另一类触发器是通过样本选择实现的。当存在单个或多个新测试样本时，通过分析测试样本与模型或者历史训练数据的关系，针对测试样本选择特定的训练集。

4.3 研究现状

4.3.1 自适应物理模型

1. 概述

物理模型针对特定设备使用数学式表达其内部各参数之间的物理关系。

物理模型一经确定，其结构和形式不再发生变化。但是模型内部一般包含一个或多个不确定参数，这些参数需要通过拟合收集的数据进行估计。然而，收集到的退化数据中所包含的信息往往是有限的，因此这些数据上训练的物理模型的参数具有一定的不确定性。另外，在设备退化的过程中，其退化模式也会发生变化，此时就需要根据新收集到的数据更新模型的参数。有些物理模型中还包括设备实时退化水平等未知量，而这些未知量也需要通过监测数据进行实时更新。

自适应物理模型主要分为两种：重新训练模型和模型参数动态估计。本书着重介绍后者。贝叶斯方法是最常见的动态更新模型参数的方法。在使用贝叶斯方法进行自适应故障预测时，只需满足以下几个条件：

① 描述设备退化规律的状态转移方程；
② 退化监测数据；
③ 描述真实退化与退化监测数据关系的观测方程；
④ 故障阈值。

下面简要介绍贝叶斯方法，以及由此衍生出来的卡尔曼滤波算法、粒子滤波算法和扩展卡尔曼滤波算法。它们之间的关系如图4.3-1所示。

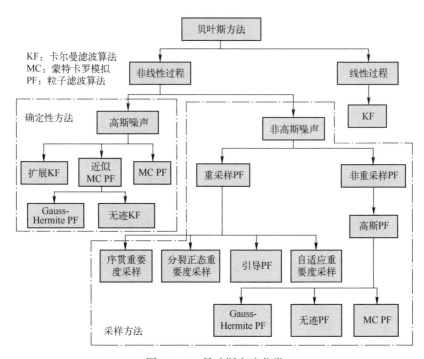

图4.3-1 贝叶斯方法分类

1) 贝叶斯滤波

动态系统的目标跟踪问题可以通过图 4.3-2 所示的状态空间模型来描述。本节在贝叶斯滤波框架下讨论故障预测问题。

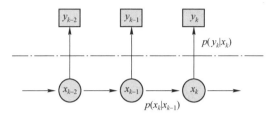

图 4.3-2 状态空间模型

在故障预测问题中，动态系统的状态空间模型可描述为[1]

$$\begin{cases} x_k = f(x_{k-1}) + u_{k-1} \\ y_k = h(x_k) + v_k \end{cases} \quad (4.3\text{-}1)$$

式中：$f(\cdot)$、$h(\cdot)$ 分别为状态转移方程与观测方程；x_k 为系统退化状态；y_k 为观测值；u_k 为过程噪声；v_k 为观测噪声。

为了描述方便，用 $X_k = x_{0:k} = \{x_0, x_1, \cdots, x_k\}$ 与 $Y_k = y_{1:k} = \{y_1, y_2, \cdots, y_k\}$ 分别表示 0 到 k 时刻的退化状态与观测值。在处理故障预测问题时，通常假设目标的状态转移过程服从一阶马尔可夫性质，即当前时刻的状态 x_k 只与上一时刻的状态 x_{k-1} 有关。另一个假设为观测值相互独立，即观测值 y_k 只与 k 时刻的状态 x_k 有关。

贝叶斯滤波为非线性系统的状态估计问题提供了一种基于概率分布形式的解决方案。贝叶斯滤波将状态估计视为一个概率推理过程，即将目标状态的估计问题转换为利用贝叶斯公式求解后验概率密度 $p(X_k|Y_k)$ 或滤波概率密度 $p(x_k|Y_k)$，进而获得目标状态的最优估计。贝叶斯滤波包含预测和更新两个阶段，预测过程利用系统模型预测状态的先验概率密度，更新过程则利用最新的测量值对先验概率密度进行修正，得到后验概率密度。

假设已知 $k-1$ 时刻的概率密度函数为 $p(x_{k-1}|Y_{k-1})$，贝叶斯滤波的具体过程如下：

(1) 预测过程：由 $p(x_{k-1}|Y_{k-1})$ 得到 $p(x_k|Y_{k-1})$，即

$$p(x_k, x_{k-1}|Y_{k-1}) = p(x_k|x_{k-1}, Y_{k-1}) p(x_{k-1}|Y_{k-1}) \quad (4.3\text{-}2)$$

当给定 x_{k-1} 时，状态 x_k 与 Y_{k-1} 相互独立，因此

$$p(x_k, x_{k-1}|Y_{k-1}) = p(x_k|x_{k-1}) p(x_{k-1}|Y_{k-1}) \quad (4.3\text{-}3)$$

式 (4.3-3) 两端对 x_{k-1} 积分，可得 Chapman-Komolgorov 方程：

$$p(x_k|Y_{k-1}) = \int p(x_k|x_{k-1}) p(x_{k-1}|Y_{k-1}) \mathrm{d}x_{k-1} \quad (4.3\text{-}4)$$

(2) 更新过程：由 $p(x_k|Y_{k-1})$ 得到 $p(x_k|Y_k)$。

获取 k 时刻的测量 y_k 后，利用贝叶斯公式对先验概率密度进行更新，得到后验概率：

$$p(x_k|Y_k) = \frac{p(y_k|x_k, Y_{k-1})p(x_k|Y_{k-1})}{p(y_k|Y_{k-1})} \quad (4.3\text{-}5)$$

假设 y_k 只由 x_k 决定，即

$$p(y_k|x_k, Y_{k-1}) = p(y_k|x_k) \quad (4.3\text{-}6)$$

因此

$$p(x_k|Y_k) = \frac{p(y_k|x_k)p(x_k|Y_{k-1})}{p(y_k|Y_{k-1})} \quad (4.3\text{-}7)$$

其中，$p(y_k|Y_{k-1})$ 为归一化常数：

$$p(y_k|Y_{k-1}) = \int p(y_k|x_k)p(x_k|Y_{k-1})\,\mathrm{d}x_k \quad (4.3\text{-}8)$$

贝叶斯滤波以递推（或滤波）的形式给出后验概率密度函数的最优解。目标状态的最优估计值可由后验（或滤波）概率密度函数进行计算。通常根据极大后验准则或最小均方误差准则，将具有极大后验概率密度的状态或条件均值作为系统状态的估计值，即

$$\hat{x}_k^{\mathrm{MAP}} = \underset{x_k}{\arg\min}\, p(x_k|Y_k) \quad (4.3\text{-}9)$$

$$\hat{x}_k^{\mathrm{MMSE}} = E[f(x_k)|Y_k] = \int f(x_k)p(x_k|Y_k)\,\mathrm{d}x_k \quad (4.3\text{-}10)$$

贝叶斯滤波需要进行积分运算，除了一些特殊的系统模型（如线性高斯系统、有限状态的离散系统）之外，对于一般的非线性、非高斯系统，贝叶斯滤波很难得到后验概率的封闭解析式。因此，现有的非线性滤波器多采用近似的计算方法解决积分问题，以此来获取估计的次优解。系统的非线性模型可在当前状态展开的线性模型有限近似的前提下，基于一阶或二阶泰勒级数展开的扩展卡尔曼滤波得到广泛应用。在一般情况下，逼近概率密度函数比逼近非线性函数容易实现。据此，研究人员提出一种无迹卡尔曼滤波器，通过选定的 Sigma 点来精确估计随机变量经非线性变换后的均值和方差，从而更好地近似状态的概率密度函数，其理论估计精度优于扩展卡尔曼滤波。获取次优解的另一种方案便是基于蒙特卡罗模拟的粒子滤波器。

2）贝叶斯重要性采样

蒙特卡罗模拟是一种利用随机数求解物理和数学问题的计算方法，又称计算机随机模拟方法。该方法源于第一次世界大战期间美国研制原子弹的曼哈顿计划，著名数学家冯·诺伊曼作为该计划的主持人之一，用驰名世界的赌城摩纳哥的蒙特卡罗来命名这种方法。蒙特卡罗模拟方法利用所求状态空

间中大量的样本点来近似逼近待估计变量的后验概率分布,如图 4.3-3 所示,从而将积分问题转换为有限样本点的求和问题。粒子滤波算法的核心思想便是利用一系列随机样本的加权和表示后验概率密度,通过求和来近似积分操作。假设可以从后验概率密度 $p(x_k|Y_k)$ 中抽取 N 个独立同分布的随机样本 $x_k^{(i)}(i=1,2,\cdots,N)$,则有

$$p(x_k|Y_k) \approx \frac{1}{N}\sum_{i=1}^{N}\delta(x_k - x_k^{(i)}) \qquad (4.3\text{-}11)$$

这里,x_k 为连续变量,$\delta(x-x_k)$ 为单位冲激函数(狄拉克函数),且 $\int \delta(x)\mathrm{d}x = 1$。当 x_k 为离散变量时,后验概率分布 $p(x_k|Y_k)$ 可近似逼近为

$$p(x_k|Y_k) \approx \frac{1}{N}\sum_{i=1}^{N}\delta(x_k - x_k^{(i)}) \qquad (4.3\text{-}12)$$

其中

$$\begin{cases} \delta(x_k - x_k^{(i)}) = 1 & (x_k = x_k^{(i)}) \\ \delta(x_k - x_k^{(i)}) = 0 & (x_k \neq x_k^{(i)}) \end{cases}$$

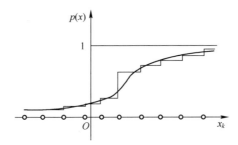

图 4.3-3 经验概率分布函数

设 $x_k^{(i)}$ 为从后验概率密度函数 $p(x_k|Y_k)$ 中获取的采样粒子,则任意函数 $f(x_k)$ 的期望估计可以用求和方式逼近,即

$$E[f(x_k)|Y_k] = \int f(x_k)p(x_k|Y_k)\,\mathrm{d}x_k = \frac{1}{N}\sum_{i=1}^{N}f(x_k^{(i)}) \qquad (4.3\text{-}13)$$

蒙特卡罗方法一般可以归纳为以下三个步骤。

(1) 构造概率模型。对于本身具有随机性质的问题,主要工作是正确地描述和模拟这个概率过程。对于确定性问题,比如计算定积分、求解线性方程组、偏微分方程等问题,采用蒙特卡罗方法求解需要事先构造一个人为的概率过程,将它的某些参量视为问题的解。

(2) 从指定概率分布中采样。产生服从已知概率分布的随机变量是实现

蒙特卡罗方法模拟试验的关键步骤。

（3）建立各种估计量的估计。一般来说，构造出概率模型并能从中抽样后，便可进行模拟试验。随后，就要确定一个随机变量，将其作为待求解问题的解进行估计。

在实际计算中，通常无法直接从后验概率分布中采样，如何得到服从后验概率分布的随机样本是蒙特卡罗方法中基本的问题之一。重要性采样法引入一个已知的、容易采样的重要性概率密度函数 $q(x_k|Y_k)$，从中生成采样粒子，利用这些随机样本的加权和来逼近后验滤波概率密度 $p(x_k|Y_k)$，如图 4.3-4 所示。令 $\{x_k^{(i)}, w_k^{(i)}, i=1,2,\cdots,N\}$ 表示一个支撑点集，其中 $x_k^{(i)}$ 为 k 时刻第 i 个粒子的状态，其相应的权值为 $w_k^{(i)}$，则后验滤波概率密度可以表示为

$$p(x_k|Y_k) = \sum_{i=1}^{N} w_k^{(i)} \delta(x_k - x_k^{(i)}) \quad (4.3\text{-}14)$$

其中

$$w_k^{(i)} \propto \frac{p(x_k^{(i)}|Y_k)}{q(x_k^{(i)}|Y_k)} \quad (4.3\text{-}15)$$

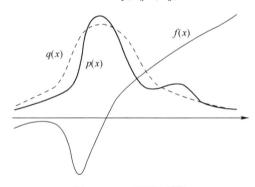

图 4.3-4 重要性采样

当采样粒子的数目很大时，式（4.3-13）便可近似逼近真实的后验概率密度函数。任意函数 $f(x_k)$ 的期望估计为

$$E[f(x_k)|Y_k] = \frac{1}{N}\sum_{i=1}^{N} f(x_k^{(i)}) \frac{p(x_k^{(i)}|Y_k)}{q(x_k^{(i)}|Y_k)} = \frac{1}{N}\sum_{i=1}^{N} f(x_k^{(i)}) w_k^{(i)}$$

$$(4.3\text{-}16)$$

3）序贯重要性采样算法

在基于重要性采样的蒙特卡罗模拟方法中，估计后验滤波概率需要利用所有的观测数据，每次新的观测数据来到都需要重新计算整个状态序列的重

要性权值。序贯重要性采样作为粒子滤波的基础，它将统计学中的序贯分析方法应用到蒙特卡罗方法中，从而实现后验滤波概率密度的递推估计。假设重要性概率密度函数 $q(x_{0:k}|y_{1:k})$ 可以分解为

$$q(x_{0:k}|y_{1:k}) = q(x_{0:k-1}|y_{1:k-1})q(x_k|x_{0:k-1},y_{1:k}) \quad (4.3\text{-}17)$$

设系统状态是一个马尔可夫过程，且给定系统状态下各次观测独立，则有

$$p(x_{0:k}) = p(x_0)\prod_{i=1}^{k}p(x_i|x_{i-1}) \quad (4.3\text{-}18)$$

$$p(y_{1:k}|x_{1:k}) = \prod_{i=1}^{k}p(y_i|x_i) \quad (4.3\text{-}19)$$

后验概率密度函数的递归形式可以表示为

$$\begin{aligned}p(x_{0:k}||Y_k) &= \frac{p(y_k|x_{0:k},Y_{k-1})p(x_{0:k}|Y_{k-1})}{p(y_k|Y_{k-1})}\\ &= \frac{p(y_k|x_{0:k},Y_{k-1})p(x_k|x_{0:k-1},Y_{k-1})p(x_{0:k-1}|Y_{k-1})}{p(y_k|Y_{k-1})}\\ &= \frac{p(y_k|x_k)p(x_k|x_{k-1})p(x_{0:k-1}|Y_{k-1})}{p(y_k|Y_{k-1})}\end{aligned} \quad (4.3\text{-}20)$$

粒子权值 $w_k^{(i)}$ 的递归形式可以表示为

$$\begin{aligned}w_k^{(i)} &\propto \frac{p(x_{0:k}^{(i)}|Y_k)}{q(x_{0:k}^{(i)}|Y_k)}\\ &= \frac{p(y_k|x_k^{(i)})p(x_k^{(i)}|x_{k-1}^{(i)})p(x_{0:k-1}^{(i)}|Y_{k-1})}{q(x_k^{(i)}|x_{0:k-1}^{(i)},Y_k)q(x_{0:k-1}^{(i)}|Y_{k-1})}\\ &= w_{k-1}^{(i)}\frac{p(y_k|x_k^{(i)})p(x_k^{(i)}|x_{k-1}^{(i)})}{q(x_k^{(i)}|x_{0:k-1}^{(i)},Y_k)}\end{aligned} \quad (4.3\text{-}21)$$

通常，需要对粒子权值进行归一化处理，即

$$\widetilde{w}_k^{(i)} = \frac{w_k^{(i)}}{\sum_{i=1}^{N}w_k^{(i)}} \quad (4.3\text{-}22)$$

序贯重要性采样算法从重要性概率密度函数中生成采样粒子，并随着测量值的依次到来递推求得相应的权值，最终以粒子加权和的形式描述后验滤波概率密度，进而得到状态估计。

为了得到正确的状态估计，通常希望粒子权值的方差尽可能趋近于零。然而，序贯蒙特卡罗模拟方法一般都存在权值退化问题。在实际计算中，经过数次迭代，只有少数粒子的权值较大，其余粒子的权值可忽略不计。粒子权值的方差随着时间增大，状态空间中的有效粒子数减少。随着无效采样粒

子数目的增加，使大量的计算浪费在对估计后验滤波概率分布几乎不起作用的粒子更新上，使估计性能下降。通常采用有效粒子数 N_{eff} 来衡量粒子权值的退化程度，即

$$N_{\text{eff}} = N / [\,1 + \text{var}(w_k^{*(i)})\,] \tag{4.3-23}$$

$$w_k^{*(i)} = \frac{p(x_k^{(i)} | y_{1:k})}{q(x_k^{(i)} | x_{k-1}^{(i)}, y_{1:k})} \tag{4.3-24}$$

有效粒子数越小，表明权值退化越严重。在实际计算中，有效粒子数 N_{eff} 可以近似为

$$\hat{N}_{\text{eff}} \approx \frac{1}{\sum_{i=1}^{N} (w_k^{(i)})^2} \tag{4.3-25}$$

在进行序贯重要性采样时，若 $\hat{N}_{\text{eff}}$ 小于事先设定的某一阈值，则应当采取一些措施加以控制。克服序贯重要性采样算法权值退化现象最直接的方法是增加粒子数，而这会造成计算量的增加，影响计算的实时性。因此，一般采用以下两种途径：①选择合适的重要性概率密度函数；②在序贯重要性采样之后，采用重采样方法。

4）重要性概率密度函数的选择

重要性概率密度函数的选择对粒子滤波的性能有很大影响，在设计与实现粒子滤波器的过程中十分重要。在工程应用中，通常选取状态变量的转移概率密度函数 $p(x_k | x_{k-1})$ 作为重要性概率密度函数。此时，粒子的权值为

$$w_k^{(i)} = w_{k-1}^{(i)} p(y_k | x_k^{(i)}) \tag{4.3-26}$$

转移概率的形式简单且易于实现，在观测精度不高的场合，将其作为重要性概率密度函数可以取得较好的滤波效果。然而，采用转移概率密度函数作为重要性概率密度函数，没有考虑最新观测数据所提供的信息，从中抽取的样本与真实后验分布产生的样本存在一定的偏差，特别是当观测模型具有较高的精度或预测先验与似然函数之间重叠部分较少时，这种偏差尤为明显。

选择重要性概率密度函数的一个标准是使得粒子权值 $\{w_k^{(i)}\}_{i=1}^{N}$ 的方差最小。Doucet 等给出的最优重要性概率密度函数为

$$\begin{aligned}
q(x_k^{(i)} | x_{k-1}^{(i)}, y_k) &= p(x_k^{(i)} | x_{k-1}^{(i)}, y_k) \\
&= \frac{p(y_k | x_k^{(i)}, x_{k-1}^{(i)}) p(x_k^{(i)} | x_{k-1}^{(i)})}{p(y_k | x_{k-1}^{(i)})} \\
&= \frac{p(y_k | x_k^{(i)}) p(x_k^{(i)} | x_{k-1}^{(i)})}{p(y_k | x_{k-1}^{(i)})}
\end{aligned} \tag{4.3-27}$$

此时，粒子的权值为

$$w_k^{(i)} = w_{k-1}^{(i)} p(y_k | x_k^{(i)}) \quad (4.3\text{-}28)$$

以 $p(x_k^{(i)} | x_{k-1}^{(i)}, y_k)$ 作为重要性概率密度函数需要对其直接采样。此外，只有在 x_k 为有限离散状态或 $p(x_k^{(i)} | x_{k-1}^{(i)}, y_k)$ 为高斯函数时，$p(y_k | x_k^{(i)})$ 才存在解析解。在实际情况中，构造最优重要性概率密度函数的困难程度与直接从后验概率分布中抽取样本的困难程度等同。从最优重要性概率密度函数的表达形式来看，产生下一个预测粒子依赖已有的粒子和最新的观测数据，这对设计重要性概率密度函数具有重要的指导作用，即应该有效利用最新的观测信息，在易于采样实现的基础上，将更多的粒子移动到似然函数值较高的区域，如图 4.3-5 所示。

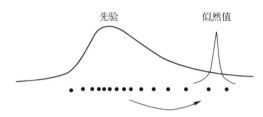

图 4.3-5 移动粒子至高似然区域

辅助粒子滤波算法利用 k 时刻的信息，将 $k-1$ 时刻最有前途（预测似然度大）的粒子扩展到 k 时刻，从而生成采样粒子。与 SIR 滤波器相比，当粒子的似然函数位于先验分布的尾部或似然函数形状比较狭窄时，辅助粒子滤波能够得到更精确的估计结果。辅助粒子滤波引入辅助变量 m 来表示 $k-1$ 时刻的粒子列表，应用贝叶斯定理，联合概率密度函数 $p(x_k, m | y_{1:k})$ 可以描述为

$$\begin{aligned} p(x_k, m | y_{1:k}) &\propto p(y_k | x_k) p(x_k, m | y_{1:k-1}) \\ &= p(y_k | x_k) p(x_t | m, y_{1:k-1}) p(m | y_{1:k-1}) \\ &= p(y_k | x_k^m) p(x_k | x_{k-1}^m) w_{k-1}^m \end{aligned} \quad (4.3\text{-}29)$$

生成 $\{x_k^{(i)}, m^{(i)}\}_{i=1}^N$ 的重要性概率密度函数 $q(x_k, m | x_{0:k-1}, y_{1:k})$ 为

$$q(x_k, m | x_{0:k-1}, y_{1:k}) \propto p(y_k | \mu_k^m) p(x_k | x_{k-1}^m) w_{k-1}^m \quad (4.3\text{-}30)$$

式中：μ_k^m 为由 $\{x_{k-1}^{(i)}\}_{i=1}^N$ 预测出的与 x_k 相关的特征，可以是采样值 $\mu_k^m \sim p(x_k | x_{k-1}^m)$ 或预测均值 $\mu_k^m = E\{x_k | x_{k-1}^m\}$。

定义 $q(x_k | m, y_{1:k}) = p(x_k | x_{k-1}^m)$，由于

$$q(x_k, m | y_{1:k}) = q(x_k | m, y_{1:k}) q(m | y_{1:k}) \quad (4.3\text{-}31)$$

则有

$$q(m | y_{1:k}) = p(y_k | \mu_k^m) w_{k-1}^m \quad (4.3\text{-}32)$$

此时，粒子权值 $w_k^{(i)}$ 为

$$w_k^{(i)} \propto w_k^{m^{(i)}} \frac{p(y_k|x_k^{(i)})p(x_k^i|x_k^{m^{(i)}})}{q(x_k,m|x_{0:k-1}^m,y_k)} = \frac{p(y_k|x_k^{(i)})}{p(y_k|\mu_k^{m^{(i)}})} \quad (4.3-33)$$

采用局部线性化的方法来逼近 $p(x_k|x_{k-1},y_k)$ 是另一种提高粒子采样效率的有效方法。扩展卡尔曼粒子滤波与无迹粒子滤波算法在滤波的每一步迭代过程中，首先利用最新观测值，采用 UKF 或 EKF 对各个粒子进行更新，得到随机变量经非线性变换后的均值和方差，并将它作为重要性概率密度函数。另外，利用似然函数的梯度信息，采用牛顿迭代或均值漂移等方法移动粒子至高似然区域，也是一种可行的方案，如图 4.3-6 所示。以上这些方法的共同特点是将最新的观测数据融入系统状态的转移过程中，把粒子引导到高似然区域，由此产生的预测粒子可较好地服从状态的后验概率分布，从而有效地减少描述后验概率密度函数所需的粒子数。

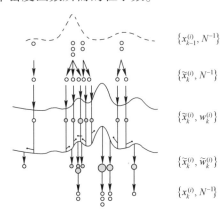

图 4.3-6　结合均值漂移的粒子滤波算法

2. 研究现状

研究人员针对自适应物理模型已经开展了大量的研究，大部分的研究成果应用贝叶斯方法及由其衍生出的粒子滤波算法。

针对结构疲劳裂纹扩展预测，南京航空航天大学的研究人员首先通过二次开发软件实现了对裂尖奇异单元网格的自动划分，进而得出不同裂纹长度、角度下裂纹尖端处的应力强度因子幅，提出采用二参数的 Paris 规则建立粒子滤波的状态方程，即损伤及寿命的扩展演化模型。然后采用基于压电元件和主动 Lamb 波的结构健康监测方法，实时观测更新裂纹信息并同粒子滤波算法结合，建立了粒子滤波观测方程[2]。最终通过粒子滤波算法实现对疲劳裂纹扩展的预测。

北京航空航天大学的研究人员针对混合系统模型提出了一种基于粒子滤

波的故障预测算法[3]。在算法的状态估计阶段，采用混合系统粒子滤波和二元估计算法同时估计对象系统故障演化模型混合状态和未知参数的后验分布。在算法的状态预测阶段，在一定假设条件的前提下，将混合模型连续状态变量的预测问题转化为一个基本状态空间模型的状态预测问题。通过对连续状态变量当前时刻的后验分布进行迭代采样，从而获得其未来时刻的先验分布。在算法的决策阶段，在获取的故障演化模型连续状态变量分布的基础上，结合一定的故障判据近似计算出对象系统剩余寿命分布。

福建师范大学的研究人员针对故障预测具有不确定性的特点，将模糊数学中的隶属度函数和粒子滤波算法相结合设计故障预测方法[4]。该方法利用粒子滤波算法对设备运行的未来状态进行预测，再设计描述设备运行状态的正常隶属度函数和异常隶属度函数，利用计算出来的未来状态的预测值计算并比较正常和异常隶属度函数值，根据比较结果对潜在故障进行预测。

火箭军工程大学（原第二炮兵工程学院）的研究人员针对样本贫化现象会严重影响再采样粒子滤波故障预测算法对故障的预测能力的事实，提出一种基于权值选优粒子滤波器的故障预测算法[5]。按照粒子权值的大小，从大量的粒子中选出比较好的用于滤波，以增加样本的多样性，从而缓解样本贫化问题，提高再采样粒子滤波故障预测算法的跟踪能力。

针对航迹推算混合系统的故障预测问题，中南大学和湖南商学院的研究人员设计了一种基于粒子滤波器的故障预测方法[6]。通过一组带权值的粒子估计系统状态，计算故障状态分布情况与故障发生概率，由此推测故障发生率及故障类型，并估计故障发生的时间。

应用粒子滤波的方法进行设备剩余寿命预测的过程中，需要使用相同/相似设备的退化数据训练模型中的不确定参数。但是对于新设计的设备，没有可用的退化数据。米兰理工大学的研究人员将核平滑方法与粒子滤波方法相结合。该方法可以同时估计模型中设备未知的退化状态及不确定参数[7]。

传动轴承是设备中最常见的部件之一，也是设备中最容易退化的部件之一。西安交通大学的研究人员提出通过粒子滤波方法实现轴承剩余寿命的预测[8]。该方法包括健康指标提取与剩余寿命预测两个部分。所提出的轴承健康指标融合了多个退化变量的不同特征。同时，也提出了一个新的模型参数初始化方法。

智利大学的研究人员提出使用粒子滤波方法预测汽轮机的剩余寿命[9]。该方法首先通过混合相空间模型对汽轮机进行故障诊断和定位，然后通过粒子滤波方法实现对汽轮机叶片裂纹的实时预测，最终实现对汽轮机剩余寿命分布的实时预测。

绝缘栅双极晶体管（IGBT）被广泛地应用于电力电子设备中。由于 IGBT 对于电力系统的脆性影响很大，因此，阿克伦大学的研究人员提出通过结合粒子滤波方法与序贯重要度采样方法实现对 IGBT 剩余寿命的预测[10]。该方法可以有效地降低模型预测结果的分散性，同时保证了粒子的多样性。

针对有些不能通过物理模型建立观测方程的情况，米兰理工大学的研究人员提出通过基于人工神经网络的集成模型建立观测方程，然后将其与基于物理模型的状态方程相结合，使用粒子滤波方法实现对裂纹增长下设备剩余寿命预测的目的[11]。

法国国家科学研究中心（CNRS）的研究人员基于粒子滤波方法提出微电子机械系统（MEMS）的剩余寿命预测方法[12]。在该方法中，首先通过线下收集的数据建立 MEMS 的退化模型，然后在线上阶段，使用粒子滤波方法根据实时监测数据在线估计退化模型中的不确定参数，最终实现了 MEMS 剩余寿命的在线预测。

质子交换薄膜燃料电池（PEMFC）是非常有前景的能源交换器，但目前较短的使用寿命限制了其应用范围。故障预测与健康管理技术是这一问题的有效解决手段之一。但是如何开发有效的故障预测技术防止故障的发生是一项很有挑战性的工作。基于这一事实，FEMTO-ST 研究所的研究人员提出了混合 PEMFC 寿命预测方法[13]。研究人员首先通过分析从退化数据中提出的特征参数，建立了 PEMFC 的退化模型。在该模型中考虑了 PEMFC 在退化过程中出现的复苏现象，进而通过混合粒子滤波方法实现对该模型中不确定参数的实时估计和对剩余寿命的动态预测。

针对电解电容器复杂多变的工作环境，米兰理工大学的研究人员提出了基于粒子滤波方法的电解电容器剩余寿命预测方法[14]。电容器的退化过程在很大程度上取决于其工作温度。该工作温度一般通过电容器等效电阻测量，但是该电阻容易受到工作温度的影响，而发生漂移。针对这一状况，研究人员提出了与温度无关的退化表征参数，进而通过粒子滤波方法实现了对电解电容器剩余寿命的预测。

流明降低是 LED 光源最常见的退化模式之一。流明维护寿命是指通过维护使 LED 光输出的流明恢复到一定水平时，直至其退化到规定阈值的时间间隔。由于 LED 具有长寿命、高可靠的特点，因此很难准确估计其流明维护寿命。河海大学的研究人员提出了使用粒子滤波方法实现 LED 流明维护寿命预测的目的[15]。在该方法中，加速寿命试验的退化数据被用于验证所提出方法的有效性和准确性。

4.3.2 自适应数据驱动模型

1. 概述

本节中阐述的自适应数据驱动模型针对单一数据驱动模型。

根据更新时机，自适应数据驱动模型可以分为单一样本和多个样本。单一样本是指在获得每个新的数据样本后，对模型进行自适应更新。多个样本是指在获得一定数量数据样本后（该数量可以人为给定，或通过变化检测器自动检测退化模式变化时刻，然后决定选用的数据数量）对模型进行更新。前一种方式可以更快地捕捉并学习当前的退化模式，但是由于需要针对每个新样本进行模型的更新，计算复杂度较高。如果样本采集间隔小于模型更新时间，该方法则不能及时处理样本数据，并造成模型性能下降和数据堆积。后一种方式具有较高的更新效率，但是由于需要收集一定数量的数据样本后才能对模型进行更新，因此该自适应更新方式具有一定的滞后性，不能及时掌握并学习当前的退化模式。

根据更新策略，自适应数据驱动模型可分为重新训练模型、更新模型参数和更新模型结构。重新训练模型是自适应数据驱动模型中最直接、最简单的方式，在（单个或一定量）新数据到来后，对模型进行重新训练，以达到实时掌握当前退化模式的目的。但是在训练时需要决定选用哪些数据用于训练模型。重新训练模型往往计算量大。更新模型参数是指在模型的结构不变的条件下，只是对模型中的参数进行更新或重新估计。比如，人工神经网络中的神经元层数与每层内神经元的个数不变，但是对两层神经元之间的权重进行更新；支持向量机中保持训练集不变，但是利用新数据对模型中的超参进行重新优化。更新模型结构式是指根据需要，在原模型基础上适当增加或减少模型的维度。比如，在神经网络中增加某一层内神经元个数，但是只需针对新增加的神经元训练与其相关的权重，而不需要重新训练整个模型。更新模型参数和更新模型结构的自适应更新策略效率比重新训练模型方法要高，但针对特定数据驱动模型研究如何有效地在原有模型基础上更新参数和结构的方法是非常具有挑战性的。

2. 研究现状

由于武器设备/系统自身的复杂性，一种故障往往表现出多种特征信号，同种特征信号还可能反映不同的故障。因此，需要同时分析多个故障特征信号来获得其运行特征参数间的关系以及预测序列的实际特点，建立小样本情况下的自适应多故障特征参数状况的变化趋势。随着预测水平的增长，根据新信息优先原理，新信息对认知的作用大于旧信息，即远离预测点的数据对未来预测的影响逐渐减弱甚至消失，而距离预测点近的数据会对预测模型的预测结果产生重大影响。因此，西北工业大学的研究人员采用等维灰数递补的自适应多参数预测模型，即在已经建立灰色预测模型的基础上，将获得的一步预测数据充实到原始序列中，并去掉最老的数据，从而形成等维的新序列，对该数列建立新的多参数预测模型，并预测下一步[16]。湖北工业大学的研究人员通过引入自适应加权算子重构灰度模型的背景值，提高了模型的预测精度[17]。自适应算子通过模型预测结果进行调节，其值由预测值与预处理原始数据的平均相对误差确定。其他研究人员也对基于自适应灰色模型的预测方法展开了研究[18-19]。

　　火箭军工程大学的研究人员为了更全面、精确地对航天继电器故障进行预测，综合考虑超程时间和吸合时间两个故障特征，立足健康现状，兼顾历史未来，通过融合两个故障特征指标及综合历史、当前和未来时刻故障状态，建立了基于融合推理理论的故障预测模型，并提出了基于证据推理的航天继电器故障预测方法[20]。超程时间和吸合时间两个指标的融合权重根据其能识别航天继电器故障状态的能力来确定。他们使用变异系数法确定指标权重。该方法主要是根据指标相对改变幅度计算指标的权重。当某一指标观测值变动幅度大时，就表明其识别航天继电器故障状态的能力就强，该指标就应该被赋予更大的权重值。为了匹配航天继电器的动态运动特征，应根据实时采集到的指标数据更新不同时刻指标对应的权重。

　　火箭军工程大学的研究人员针对无法建立精确数学模型的非线性动态系统，提出一种基于自适应动态无偏 LSSVM 的故障在线监测模型[21]。对于实际系统而言，往往只能掌握系统正常运行状态下的少量数据样本，监测数据往往是随着时间的推移逐步注入预测模型中。针对时间序列数据，初始预测模型的建立需要确定滑动时间窗的长度。滑动时间窗长度过大会减慢在线建模的速度，过小会降低预测的精度。因此，他们设计了根据数据的特征和预期的学习精度自适应地确定滑动时间窗长度的方法。自适应选取滑动时间窗长度这一过程的本质为样本的增加过程。滑动时间窗长度被确定以后，故障的在线监测模型需经历样本动态更新过程，即加入新样本并减少最早时刻的旧样本。训练集的更新必然会引起预测模型的动态变化。在 LSSVM 中，只需在核矩阵中去除相应的维度并增加基于新数据的维度即可，这大大提高了求解效率。

　　有研究人员通过在 SVR 中引入增量学习算法，提出了在线支持向量回归（Online SVR）算法[22]。增量学习的核心就是当回归数据样本更新时，算法可以动态更新当前 SVR 模型的结构和参数。在保证 SVR 模型仍然符合 KKT 条件前提下，不采用重新训练的方式对 SVR 模型进行更新，而是通过增量学习的方式实现模型随样本的在线更新。基于在线支持向量回归的时间序列预测方法凭借其良好的统计理论基础和应用效果，已经成为时间序列分析技术研究领域的主要发展方向，并逐步在各个应用领域得到推广。

在线支持向量回归算法作为一种在线回归建模方法，能够实现模型在线动态更新。但是，其算法计算复杂度高，还难以充分满足现实应用中各类在线预测问题对计算效率的要求。鉴于此，针对核函数类型与样本规模对算法预测性能的影响，哈尔滨工程大学的研究人员从核函数组合、样本缩减两个方面开展基于在线支持向量回归的时间序列预测方法及应用的研究[23]。针对不同类型核函数对在线时间序列预测精度的影响，提出一种基于全局和局部核函数组合的在线支持向量回归预测方法。该方法利用全局核函数良好的趋势拟合特性和局部核函数较强的邻域非线性逼近能力，提高了在线时间序列预测精度。针对核函数组合在线支持向量回归算法运算效率较低的问题，作者提出一种基于在线残差预测修正的局部在线支持向量回归算法。该算法首先采用离线全局核函数 SVR 算法建模，然后利用局部核函数在线支持向量回归对模型残差建模，并进行在线预测修正，从而通过离线与在线方法的组合，达到降低计算复杂度、提高预测精度和算法执行效率的目的。

军械技术研究所的研究人员提出利用最小二乘支持向量机（LSSVM）回归算法的基本原理，建立针对电子设备的在线预测模型[24]。该方法通过在逐渐增加训练集样本的同时判断新样本与目前模型中样本在核函数投射的高维空间的线性相关性，达到降低模型中样本数量的目的。在在线预测的过程中，通过类似的原理进行判定，只有非线性相关的新样本被用于扩充模型的训练集，进而在扩充的训练集上，重新训练 LSSVM 回归模型。

哈尔滨工业大学的研究人员针对现实需求中 RVM 算法长期趋势预测精度低的问题，提出一种基于动态灰色相关向量机的锂离子电池剩余可用寿命预测方法[25]。该方法利用离散灰色模型获得的趋势预测结果作为 RVM 回归预测的输入，并根据回归预测结果动态更新 RVM 回归预测模型，从而提高长期预测精度。实验结果证明，与基本 RVM 算法和非动态更新的 RVM 算法相比，该方法具有较高的预测精度，同时还能提供预测结果的置信区间及置信度等不确定信息。

工业系统复杂度的提高，对故障预测的实时性和准确性提出了更高的要求。北京化工大学的研究人员提出用基于动态记忆反馈改进的极限学习机（ELM）模型进行故障预测[26]。此模型在结构上增加了反馈层用于记忆隐含层输出，并从反馈层记忆的信息中提取数据变化趋势特征，从而动态更新反馈层的输出权值。通过对非线性动态系统的下一时刻输出进行预测，并对预测输出进行诊断，达到故障预测的目的。

针对锂离子电池循环寿命退化数据，哈尔滨工业大学的研究人员对锂离子电池寿命退化过程进行分析，并选择经验退化模型，采用粒子滤波对其进行剩余可用寿命的预测，通过概率密度分布的形式给出预测结果的不确定性表达，同时通过对比实验选取适当的 PF 重采样法，从而实现一种带有不确定性表达的框架[27]。针对预测中基于经验模型对锂离子电池个体差异适应性差的问题，研究人员提出基于 PF 和自回归模型相融合的混合型 RUL 预测方法。PF 可以根据新的监测数据动态地更新粒子群及粒子权重，进而达到自适应预测电池 RUL 的目的。

清华大学的研究人员针对非线性系统的状态依赖性故障，提出基于反向传播神经网络的在线学习方法[28]。在累积到一定数量的新样本时，通过更新网络的所有权重值实现对模型的更新。该方法根据实时数据逼近故障模型，并基于在线神经网络的状态依赖型故障预测算法。该算法能够实时检测故障，对系统状态和故障进行迭代估计和预测。

4.3.3 自适应集成模型

1. 概述

按自适应更新数据需求，与自适应数据驱动模型相同，自适应集成模型也可以分为单个样本和多个样本。

按自适应更新策略，自适应集成模型可以分为更新子模型结构和参数、增加或删减子模型和更新子模型权重。更新子模型结构和参数的方法就是将自适应数据驱动模型或自适应物理模型的更新策略应用于集成模型一个或多个子模型中。增加或删减子模型是指在集成模型中通过增加新训练的子模型和/或删减性能较差的子模型，进而达到跟踪和学习当前退化模式的目的，最终保持集成模型的预测性能。该方法提出的原因是现有训练数据不可能包含设备未来可能经历的所有退化模式，那么在新的退化模式出现时，需要对集成模型进行更新，使之可以适应新的退化模式。而由于受存储和计算成本的限制，集成模型中不能无限制地增加子模型，需要适当删减预测性能较差的子模型，以提高集成模型的计算效率。更改子模型权重是指在不改变子模型的前提下，通过改变各子模型预测结果在计算集成模型预测结果时的权重，使集成模型具有自适应的能力。该方法的前提是子模型能够涵盖设备可能出现的所有退化模型。

2. 研究现状

针对电子设备故障预测问题，海军潜艇学院的研究人员提出了一种基于自适应神经网络集成模型的电子设备故障预测方法[29]。在该方法中，首先，利用模糊聚类方法对整个训练集进行聚类分析，然后在每一个聚类的基础上训练一个神经网络模型，从而确定了神经网络集成模型的规模。其次，根据故障序列样本与个体神经网络模型训练样本的相似度动态调整模型权重值。相似度是由故障序列样本与聚类数据中心的距离决定的。仿真实例证明该方法对平稳的故障间隔时间数据进行故障预测的精度较高。

针对在时变环境下，基于历史数据的故障预测模型无法实时掌握并学习当下的退化模式，进而造成模型准确度下降的问题，伯明翰大学的研究人员提出了一个新的集成模型[30]。该集成模型通过保持子模型间不同的差异性，获得较准确、鲁棒性较好的集成模型。具体来讲，通过早期漂移检测方法监测数据流的漂移，在监测到漂移发生时间点后，在漂移发生之前建立一个子模型差异性较低的集成模型和一个子模型间差异性较高的集成模型。在漂移发生之后，使用子模型间差异性较高的集成模型自适应学习新的子模型，并且保证这些子模型与原有子模型之间的差异性较低。该方法在有虚假漂移发生时，表现出很好的鲁棒性。

针对在线故障预测模型要求计算速度快、存储要求低、自适应性强的特点，加利福尼亚大学的研究人员提出了自适应提升（boosting）集成模型[31]。该集成模型的子模型是由决策树组成的。首先，通过自适应提升算法建立集成模型。然后，使用变化检测器检测新收集数据与原始训练集之间的差异。在检测到明显差异后，使用新数据训练一个新的子模型。但在训练该子模型的过程中，每个新样本的权重是不同的，该权重正比于当前集成模型在新数据样本上的误差。最后，在将新的子模型加入集成模型中的同时，去除最早的子模型，以保证较低的模型存储要求。

波兰科技大学的研究人员提出通过动态计算集成模型中各子模型权重的方法实现自适应更新[32]。在该方法中，各子模型输出结果的权重与其在过往数据上的预测准确度有关。模型准确度越高，其输出结果的权重也就越高。

诺瓦戈里奇大学的研究人员提出遗忘因子的策略，也就是在集成模型中通过一定的遗忘因子，使子模型的权重逐渐降低[33]。新的子模型具有较高的权重，其预测结果也具有较高的可信度。

罗文大学的研究人员提出通过不断地训练新的子模型和动态更新子模型权重的方法实现集成模型的自适应更新[34]。该模型利用新收集到的数据训练新的子模型，并将其添加到现有集成模型中。同时，根据各子模型在不同退化模式下的准确度计算其输出结果的权重。实验证实该模型对不同类型的模式漂移具有较好的适应性。

以上方法中需要收集一定量的数据才对集成模型进行更新，使得预测模型有一定的滞后性。如果模型针对每个数据样本进行更新，其计算复杂度非常高。针对上面的两种情况，科英布拉大学的研究人员提出一个可以快速适应退化模式变化的在线回归集成模型。该模型具有以下特点：①在线加入和去除子模型，使集成模型中只保留有限数量的、最准确的子模型；②根据子模型在过往数据样本上的预测准确度动态地确定各子模型的权重；③动态地更新子模型中的参数。

针对锂离子剩余寿命的预测，研究人员已经提出了不同的状态方程，如指数形式、多项式形式和 Verhulst 模型等。目前，还没有一种得到公认的通用的状态方程。基于此，哈尔滨工业大学的研究人员基于粒子滤波模型提出了多交互集成模型，预测锂离子电池的剩余可用寿命及其分布[1]。该方法集成了多个锂离子电池状态方程，并针对每个状态方程使用粒子滤波算法估计锂离子电池剩余寿命及其分布。最后通过集成各状态方程的结果，获得锂离子电池最终的寿命及分布。

4.4 小　结

本章系统介绍了自适应故障预测的必要性和研究现状，首先从多个角度阐述自适应故障预测产生的背景和必要性；其次介绍了不同的自适应模型分类方法；最后详细阐述了各种自适应故障预测方法的内涵和研究现状。

参考文献

[1] SU X H, WANG S, PECHT M, et al. Interacting multiple model particle filter for prognostics of lithium-ion batteries [J]. Microelectronics Reliability, 2017, 70: 59-69.

[2] 袁慎芳, 张华, 邱雷, 等. 基于粒子滤波算法的疲劳裂纹扩展预测方法 [J]. 航空学报, 2013, 34 (12): 2740-2747.

[3] 张磊, 李行善, 于劲松, 等. 基于混合系统粒子滤波和二元估计的故障预测算法 [J]. 航空学报, 2009, 30 (7): 1277-1283.

[4] 林品乐, 王开军. 基于模糊隶属度的粒子滤波故障预测 [J]. 计算机系统应用, 2016, 26 (6): 119-124.

[5] 张琪, 胡昌华, 乔玉坤, 等. 基于权值选优粒子滤波器的故障预测算法 [J]. 系统工程与电子技术, 2009, 31 (1): 221-224.

[6] 周开军, 余伶俐. 基于粒子滤波器的故障预测方法 [C]// 中国自动化学会控制理论专业委员会 A 卷. 第十三届中国控制会议, 烟台, 2011: 503-508.

[7] HU Y, BARALDI P, MAIO F D, et al. A particle filtering and kernel smoothing-based ap-

proach for new design component prognostics [J]. Reliability Engineering & System Safety, 2015, 134: 19-31.

[8] LI N, LEI Y, LIU Z, et al. A particle filtering-based approach for remaining useful life predication of rolling element bearings [C]. Prognostics and Health Management, Cheney, 2015: 1-8.

[9] ORCHARD M E, VACHTSEVANOS G J. A particle filtering-based framework for real-time fault diagnosis and failure prognosis in a turbine engine [C]. Control & Automation, 2007. MED '07. Mediterranean Conference on, Greece, 2008: 1-6.

[10] HAQUE M S, CHOI S, BAEK J. Auxiliary Particle Filtering – based Estimation of Remaining Useful Life of IGBT [J]. IEEE Transactions on Industrial Electronics, 2017, (99): 1.

[11] BARALDI P, COMPARE M, SAUCO S, et al. Fatigue Crack Growth Prognostics by Particle Filtering and Ensemble Neural Networks [C]. European Conference of Prognostics and Health Management Society, Dresden, 2012.

[12] SKIMA H, MEDJAHER K, VARNIER C, et al. Fault Prognostics of Micro-Electro-Mechanical Systems Using Particle Filtering [J]. IFAC-PapersOnLine, 2016, 49 (28): 226-231.

[13] JOUIN M, GOURIVEAU R, HISSEL D, et al. Joint Particle Filters Prognostics for Proton Exchange Membrane Fuel Cell Power Prediction at Constant Current Solicitation [J]. IEEE Transactions on Reliability, 2016, 65 (1): 336-349.

[14] RIGAMONTI M, BARALDI P, ZIO E, et al. Particle Filter-Based Prognostics for an Electrolytic Capacitor Working in Variable Operating Conditions [J]. IEEE Transactions on Power Electronics, 2016, 31 (2): 1567-1575.

[15] FAN J, YUNG K C, PECHT M. Predicting long-term lumen maintenance life of LED light sources using a particle filter-based prognostic approach [J]. Expert Systems with Applications, 2015, 42 (5): 2411-2420.

[16] 郭阳明, 姜红梅, 翟正军. 基于灰色理论的自适应多参数预测模型 [J]. 航空学报, 2009, 30 (5): 925-931.

[17] 张宇, 王永攀, 侯晓东, 等. 相控阵天线阵面通道故障数量预测方法 [J]. 解放军理工大学学报 (自然科学版), 2017, 18 (3): 212-217.

[18] 张朝飞, 罗建军, 徐兵华, 等. 基于灰色理论的新陈代谢自适应多参数预测方法 [J]. 上海交通大学学报, 2017, 51 (8): 970-976.

[19] 黄莹, 胡昌华. 优化自适应灰色预测模型及其在导弹故障预报中的应用 [J]. 弹箭与制导学报, 2005, 25 (4): 699-701.

[20] 周志杰, 赵福均, 胡昌华, 等. 基于证据推理的航天继电器故障预测方法 [J]. 山东大学学报: 工学版, 2017, 47 (5): 22-29.

[21] 蔡艳宁, 胡昌华, 汪洪桥, 等. 基于自适应动态无偏 LSSVM 的故障在线监测 [J]. 系统仿真学报, 2009, 21 (13): 4129-4134.

[22] MA J, THEILER J, PERKINS S. Accurate on-line support vector regression [J]. Neural Computation, 2003, 15 (11): 2683-2703.

[23] 刘大同. 基于 Online SVR 的在线时间序列预测方法及其应用研究 [D]. 哈尔滨: 哈尔滨工业大学, 2010.

[24] 赵洋, 陈国顺, 马飒飒, 等. 基于 OS-LSSVM 的电子设备在线故障预测模型研究 [J]. 计算机测量与控制, 2012, 20 (11): 2903-2905.

[25] 周建宝. 基于 RVM 的锂离子电池剩余寿命预测方法研究 [D]. 哈尔滨: 哈尔滨工业大学, 2013.

[26] 徐圆, 叶亮亮, 朱群雄. 基于动态记忆反馈的改进 ELM 故障预测方法应用研究 [J]. 控制与决策, 2015, 30 (4): 623-629.

[27] 罗悦. 基于粒子滤波的锂离子电池剩余寿命预测方法研究 [D]. 哈尔滨: 哈尔滨工业大学, 2012.

[28] 徐贵斌, 周东华. 基于在线学习神经网络的状态依赖型故障预测 [J]. 浙江大学学报 (工学版), 2010, 44 (7): 1251-1254.

[29] 刘爱华, 刘丙杰, 冀海燕, 等. 基于自适应神经网络集成的电子设备故障预测方法 [J]. 解放军理工大学学报 (自然科学版), 2013, 14 (5): 565-568.

[30] MINKU L L, YAO X. DDD: A New Ensemble Approach for Dealing with Concept Drift [J]. IEEE Transactions on Knowledge & Data Engineering, 2012, 24 (4): 619-633.

[31] FANG C, ZANIOLO C. Fast and Light Boosting for Adaptive Mining of Data Streams [J]. Lecture Notes in Computer Science, 2004, 3056: 282-292.

[32] BRZEZINSKI D, STEFANOWSKI J. Combining block-based and online methods in learning ensembles from concept drifting data streams [J]. Information Sciences, 2014.

[33] GJERKES H, MALENSEK J, SITAR A, et al. Product identification in industrial batch fermentation using a variable forgetting factor [J]. Control Engineering Practice, 2011, 19 (10): 1208-1215.

[34] ELWELL R, POLIKAR R. Incremental learning of concept drift in nonstationary environments [J]. IEEE Trans Neural Netw, 2011, 22 (10): 1517-1531.

第 5 章

自适应物理模型在核电站中的应用

在传统方法中，基于物理模型的故障预测是基于多个相似设备的退化数据估计模型中的未知参数，模型可以给出一类设备退化过程的平均描述，但很难刻画单个设备退化过程的特殊性。最近的一些研究成果表明，特定设备实时监测的退化数据可用于自适应地估计设备的退化状态和退化趋势，以达到准确刻画该设备特定退化过程的目的。本章介绍针对故障相关系统所提出的自适应故障预测方法。该方法整合了并行蒙特卡罗模拟和递归贝叶斯方法，以达到预测特定设备剩余可用寿命的目的。该方法的主要贡献是提出一个有效框架来估计由故障相关组件构成的系统的退化状态及退化趋势。即使在不知道系统初始退化状态的情况下，该框架也可以根据在线监测数据实现对该设备剩余寿命的自适应预测。案例研究部分考虑了核电站余热排出系统中的泵-阀子系统，实验结果验证了方法针对特定对象实现自适应故障预测的有效性。

5.1 研究背景

传统的基于物理模型的故障预测方法主要利用大量同类设备的退化数据，通过线下方式估计模型中的未知参数。这种预测方法在某种程度上反映该类设备的平均退化过程及寿命，但无法反映某一特定设备的退化特征[2]。

最近，自适应故障预测受到了越来越多的重视。本章中，自适应故障预测是指根据特定设备的信息（如退化状态、环境、负载等），动态地更新物理模型中的参数[3]。目前，绝大多数基于物理模型的自适应预测算法都针对单个元器件展开[4-5]，而针对多个元器件组成的系统的研究相对较少，只有有限的研究考虑了设备系统级的自适应剩余寿命预测问题。但是这些研究并没有考虑状态监测数据噪声对结果的影响[3]。

本章中，基于物理模型所提出的自适应故障预测算法主要对象是由故障相关组件组成的系统。故障相关组件是指系统中的某一组件的退化会影响系统中其他组件的退化速度或退化状态。

该方法的提出主要基于以下工程实际：

(1) 退化往往是一个离散或连续的过程，并可以通过物理模型进行描述[6]。本章中介绍的方法是针对核电站余热排出系统中一个由泵和阀组成的子系统。该子系统中，泵的退化过程是连续的，而阀的退化过程是离散的。该系统退化过程的物理模型是已知的（但包含未知参数）。

(2) 由于整个系统的操作环境和负载是多变的，退化过程具有很大的不确定性。

(3) 每个组件的退化模型中都考虑了环境和负载的不确定性。

(4) 监测数据受到噪声的影响。

Lin 等通过分段确定性马尔可夫过程（piecewise deterministic Markov process，PDMP）描述故障相关系统的退化过程[2]。在该方法中，系统的退化状态是确定的、事先已知的。同时，PDMP 通过多次蒙特卡罗模拟获得的预测结果描述的仍然是系统的平均退化过程，不能反映特定目标系统的退化特征。如果系统的真实退化状态是未知的，那么如何根据带有噪声的且与故障相关的监测数据估计系统真实的退化状态，并预测系统的剩余寿命就成了一个很大的挑战。同时，在线监测设备可以（以一定频率）不断收集与目标系统相关的新的监测数据。这时，如何利用新数据更新模型对目标系统的预测结果也是非常重要的。本章所介绍的方法为以上两个问题提供了解决方案。

在给定系统真实退化状态的基础上，PDMP 可以根据在线监测数据估计系统剩余寿命。为了更好地利用在线监测数据，尤其是在系统真实退化状态未知的情况下，本章介绍了一个结合递归贝叶斯方法和并行蒙特卡罗模拟的建模方法。

具体来讲，在该方法中首先使用递归贝叶斯方法根据实时监测数据不断地估计并更新系统的退化状态。将部件连续退化状态分解为有限个离散状态，以降低计算复杂度[7]。针对离散退化状态，递归贝叶斯方法可以根据在线监测数据实时估计系统可能的退化状态及概率。然后，基于并行蒙特卡罗模拟，利用退化状态方程估计系统当前每个可能的退化状态所对应的剩余寿命分布。最后，通过综合所有当前可能的退化状态所对应的剩余寿命分布，获得系统当前时刻的剩余寿命预测结果。为了提高蒙特卡罗模拟的效率，本方法采用了并行计算技术。

5.2 研究方法

5.2.1 目标系统特征

工程系统通常由多个部件组成。系统中某个部件的退化往往会影响到其他部件的退化。同时，在很多情况下很难通过传感器直接测量所有部件的退化状态。系统的监测数据只能反映系统级退化水平，或者部分部件的退化水平。一般情况下，监测数据都是以固定的频率采集的。

在介绍所提出的自适应故障预测方法之前，首先介绍目标系统的特征：

（1）系统由 C 个组件组成。第 i 个部件在 t 时刻的退化状态记为 $s_{i,t}$。系统在 t 时刻的状态记为 $s_{s,t}$，是由所有部件的退化状态组成，即 $s_{s,t}=\{s_{1,t},s_{2,t},\cdots,s_{c,t}\}$。如果第 i 个部件遵循多状态过程，其在 t 时刻的退化状态为 $M_{i,j}$，记为 $s_{i,t,M_{i,j}}$。其中，j 是介于 1 和 N_i 之间的整数；N_i 是第 i 个部件可能的退化状态总数。该部件的失效阈值 Th_i 也是已知的。失效阈值通常是通过领域专家经验或试验结果确定的。针对离散退化状态，其故障状态就是其失效阈值，故障状态即失效。失效阈值也可以根据操作环境和负载动态计算[8]。不确定的故障阈值也可以通过双环蒙特卡罗模拟实现。文献［9］中，燃料焓衰的失效阈值是通过从测试后应变数据导出的公式计算。文献［10］中，核电站主泵泄漏量的失效阈值是通过专家经验给出的。文献［11］中，退化失效阈值是通过最小化总维修成本或者最小化机器因维修造成的停机时间获得的。

（2）在本方法中，第 i 个部件在 t 时刻的退化速度是由系统在该时刻的退化状态决定的。其相关性可以表示为 $s'_{i,t}=g_i(s_{s,t})$。该部件在 $t+t'$ 时刻的退化状态可以表示为 $s_{i,t+t'}=\int_{t}^{t+t'}s'_{i,t}\mathrm{d}t+\gamma_t$。如果部件 i 遵循离散退化过程，那么其在 t 时刻的转移率可以表示为 $\boldsymbol{\lambda}_{i,t+t'}=g_i(\boldsymbol{s}_{s,t},\boldsymbol{\lambda}_{i,t})+\boldsymbol{\delta}_t$。退化方程 $g_i(\cdot)$ 与不确定参数 γ_t、$\boldsymbol{\delta}_t$ 可以根据历史数据估计。

（3）在实际工程中，一般不能同时监测所有部件的退化状态。假设系统的退化状态可以通过有限个数的监测变量进行描述。这些监测变量是在离散的时刻 $t=1,2,\cdots$ 收集的，并记为 $\boldsymbol{x}_t$。在本方法中，假设系统在 t 时刻的监测变量只与系统在该时刻的真实退化状态有关。这个关系可以表示为 $\boldsymbol{x}_t=h(\boldsymbol{s}_{s,t})+\boldsymbol{\varepsilon}_t$。传感器监测噪声 $\boldsymbol{\varepsilon}_t$ 可以是固定的或时变的分布。方程 $h(\cdot)$ 与噪声 $\boldsymbol{\varepsilon}_t$ 是已知的。向量 $\boldsymbol{X}_{1:t}=\{\boldsymbol{x}_1,\boldsymbol{x}_2,\cdots,\boldsymbol{x}_t\}$ 包含从时刻 1 到时刻 t 的监测数据。

需要说明的是，以上系统特征并不针对特定的平行系统、线性系统或者混合系统。只要系统满足上述条件，就可以使用本章所提出的方法。

5.2.2 自适应系统故障预测

如图 5.2-1 所示，基于物理模型的自适应系统故障预测方法主要由两部分组成：系统退化状态估计和并行蒙特卡罗模拟。第一部分是根据系统的退化模型和监测数据估计系统可能的退化状态及概率。第二部分是通过蒙特卡罗算法模拟系统退化过程，直至失效。

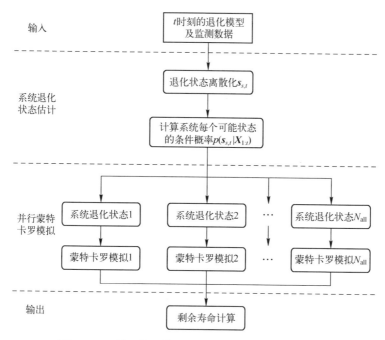

图 5.2-1　基于物理模型的自适应系统故障预测方法

5.2.2.1 系统退化状态估计

非线性贝叶斯滤波方法经常被用来根据监测数据估计系统当前处于可能退化状态的条件概率[12]。根据截止时刻 t 的监测数据 $\boldsymbol{X}_{1:t}$，本节主要介绍估计系统处在某个可能退化状态 $\boldsymbol{s}_{s,t}$ 的条件概率。该条件概率可由以下公式计算获得：

$$p(\boldsymbol{s}_{s,t}|\boldsymbol{X}_{1:t}) = \frac{p(\boldsymbol{X}_{1:t}|\boldsymbol{s}_{s,t})p(\boldsymbol{s}_{s,t})}{p(\boldsymbol{X}_{1:t})} = \frac{p(\boldsymbol{x}_t,\boldsymbol{X}_{1:t-1}|\boldsymbol{s}_{s,t})p(\boldsymbol{s}_{s,t})}{p(\boldsymbol{X}_{1:t})} \quad (5.2\text{-}1)$$

式（5.2-1）可以转化为

$$p(\boldsymbol{s}_{s,t}|\boldsymbol{X}_{1:t}) = \frac{p(\boldsymbol{x}_t,\boldsymbol{X}_{1:t-1}|\boldsymbol{s}_{s,t})p(\boldsymbol{s}_{s,t})}{p(\boldsymbol{x}_t|\boldsymbol{X}_{1:t-1})p(\boldsymbol{X}_{1:t-1})} \quad (5.2\text{-}2)$$

条件概率 $p(\boldsymbol{x}_t,\boldsymbol{X}_{1:t-1}|\boldsymbol{s}_{s,t})$ 等效于 $p(\boldsymbol{x}_t|\boldsymbol{X}_{1:t-1},\boldsymbol{s}_{s,t})p(\boldsymbol{X}_{1:t-1}|\boldsymbol{s}_{s,t})$。从 5.2.1

节中对系统特征的描述中可知，系统在 t 时刻的监测数据只取决于该时刻系统的退化状态。所以 $p(\boldsymbol{x}_t|\boldsymbol{X}_{1:t-1},\boldsymbol{s}_{s,t})=p(\boldsymbol{x}_t|\boldsymbol{s}_{s,t})$。由贝叶斯理论可知 $p(\boldsymbol{X}_{1:t-1}|\boldsymbol{s}_{s,t})=\dfrac{p(\boldsymbol{s}_{s,t}|\boldsymbol{X}_{1:t-1})p(\boldsymbol{X}_{1:t-1})}{p(\boldsymbol{s}_{s,t})}$，故式（5.2-2）可以表示为

$$p(\boldsymbol{s}_{s,t}|\boldsymbol{X}_{1:t})=\dfrac{p(\boldsymbol{x}_t|\boldsymbol{s}_{s,t})p(\boldsymbol{s}_{s,t}|\boldsymbol{X}_{1:t-1})}{p(\boldsymbol{x}_t|\boldsymbol{X}_{1:t-1})} \quad (5.2\text{-}3)$$

其中

$$p(\boldsymbol{x}_t|\boldsymbol{X}_{1:t-1})=\int p(\boldsymbol{x}_t|\boldsymbol{s}_{s,t})p(\boldsymbol{s}_{s,t}|\boldsymbol{X}_{1:t-1})\mathrm{d}\boldsymbol{s}_{s,t} \quad (5.2\text{-}4)$$

在式（5.2-3）和式（5.2-4）中，条件概率 $p(\boldsymbol{x}_t|\boldsymbol{s}_{s,t})$ 可以通过观测方程 $h(\cdot)$ 和噪声分布 ε_t 求得。而式中右侧的两个条件概率可以通过下式计算获得

$$p(\boldsymbol{s}_{s,t}|\boldsymbol{X}_{1:t-1})=\int p(\boldsymbol{s}_{s,t}|\boldsymbol{s}_{s,t-1})p(\boldsymbol{s}_{s,t-1}|\boldsymbol{X}_{1:t-1})\mathrm{d}\boldsymbol{s}_{s,t-1} \quad (5.2\text{-}5)$$

其中，条件概率 $p(\boldsymbol{s}_{s,t}|\boldsymbol{s}_{s,t-1})=\prod_{i=1}^{C}p(\boldsymbol{s}_{i,t}|\boldsymbol{s}_{s,t-1})$，并且 $p(\boldsymbol{s}_{i,t}|\boldsymbol{s}_{s,t-1})$ 可以直接通过退化状态方程计算获得。

式（5.2-5）中的条件概率 $p(\boldsymbol{s}_{s,t-1}|\boldsymbol{X}_{1:t-1})$ 表示系统状态 $\boldsymbol{s}_{s,t-1}$ 在给定截止时刻 $t-1$ 的监测数据下的条件概率，即

$$p(\boldsymbol{s}_{s,t}|\boldsymbol{X}_{1:t})=\dfrac{p(\boldsymbol{x}_t|\boldsymbol{s}_{s,t})\int p(\boldsymbol{s}_{s,t}|\boldsymbol{s}_{s,t-1})p(\boldsymbol{s}_{s,t-1}|\boldsymbol{X}_{1:t-1})\mathrm{d}\boldsymbol{s}_{s,t-1}}{\iint p(\boldsymbol{x}_t|\boldsymbol{s}_{s,t})p(\boldsymbol{s}_{s,t}|\boldsymbol{s}_{s,t-1})p(\boldsymbol{s}_{s,t-1}|\boldsymbol{X}_{1:t-1})\mathrm{d}\boldsymbol{s}_{s,t-1}\mathrm{d}\boldsymbol{s}_{s,t}}$$

(5.2-6)

最终，如式（5.2-6）所示，条件概率 $p(\boldsymbol{s}_{s,t}|\boldsymbol{X}_{1:t})$ 可以表示为前一时刻条件概率 $p(\boldsymbol{s}_{s,t-1}|\boldsymbol{X}_{1:t-1})$ 的函数。那么，在给定条件概率 $p(\boldsymbol{s}_{s,1}|\boldsymbol{X}_{1:1})$ 的情况下，就可以通过式（5.2-6）迭代计算 t 时刻系统处在某一退化状态的条件概率 $p(\boldsymbol{s}_{s,t}|\boldsymbol{X}_{1:t})$。

5.2.2.2 基于并行蒙特卡罗模拟的故障预测方法

在使用递归贝叶斯方法估计系统在当前时刻的退化状态分布后，为了能够预测系统的剩余寿命分布，本方法首先将系统退化状态进行离散化。比如，第 i 个组件服从连续退化过程，其退化状态的取值范围为 $[0,T_{h_i}]$。在离散化的过程中，将其连续状态分为等间距的 N_i 个离散状态，每两个连续退化状态之间的间隔为 $\Delta s_i=\dfrac{T_{h_i}}{N_i-1}$。第一个退化状态是故障状态，记为 $M_{i,1}$；最后一个状态是健康状态，记为 M_{i,N_i}。针对一个遵从离散退化过程的组件，Δs_i 为 1。

系统两个连续退化状态之间的体积为 $\Delta s_{s,t}$。那么式（5.2-6）中的右侧分子部分可以近似表示为

$$\int p(s_{s,t}|s_{s,t-1})p(s_{s,t-1}|X_{1:t-1})\mathrm{d}s_{s,t-1} \approx \left[\sum_{i_{t-1,C}=1}^{N_C}\sum_{i_{t-1,c-1}=1}^{N_{C-1}}\cdots\sum_{i_{t-1,1}=1}^{N_1}f(\cdot)\right]\Delta s_{s,t-1}$$

其中

$$f(\cdot) = p(\{s_{1,t,M_{1,i_{t,1}}}, s_{2,t,M_{2,i_{t,2}}}, \cdots, s_{C,t,M_{C,i_{t,C}}}\} | \{s_{1,t-1,M_{1,i_{t-1,1}}}, s_{2,t-1,M_{2,i_{t-1,2}}}, \cdots, s_{C,t-1,M_{C,i_{t-1,C}}}\}) \cdot$$
$$p(\{s_{1,t-1,M_{1,i_{t-1,1}}}, s_{2,t-1,M_{2,i_{t-1,2}}}, \cdots, s_{C,t-1,M_{C,i_{t-1,C}}}\} | X_{1:t-1}) \tag{5.2-7}$$

式中：$s_{i,t,M_{i,j}}$ 表示第 i 个组件在 t 时刻的退化状态为 $M_{i,j}(j=1,2,\cdots,N_i)$。

式（5.2-6）中的右侧分母则可以近似表示为

$$\iint p(x_t|s_{s,t})p(s_{s,t}|s_{s,t-1})p(s_{s,t-1}|X_{1:t-1})\mathrm{d}s_{s,t-1}\mathrm{d}s_{s,t} \approx$$
$$\Delta s_{s,t-1}\Delta s_{s,t}\sum_{i_{t,C}=1}^{N_C}\sum_{i_{t,C-1}=1}^{N_{C-1}}\cdots\sum_{i_{t,1}=1}^{N_1}p(x_t|\{s_{1,t,M_{1,i_1}}, s_{2,t,M_{2,i_{t,2}}}, \cdots, s_{C,t,M_{C,i_{t,C}}}\})\sum_{i_{t-1,C}=1}^{N_C}\sum_{i_{t-1,c-1}=1}^{N_{C-1}}\cdots\sum_{i_{t-1,1}=1}^{N_1}f(\cdot)$$
$$\tag{5.2-8}$$

蒙特卡罗模拟用于估计系统在 t 时刻的剩余寿命。既然部件的连续退化过程已经被离散化，那么系统所有可能的退化状态的数量为 $N_{\mathrm{all}}=\prod_{i=1}^{C}N_i$。式（5.2-6）给出了系统在每一个可能的退化状态下的条件概率。如图 5.2-1 所示，并行蒙特卡罗模拟用于提高计算效率。也就是说，针对系统每一个可能的退化状态使用一个蒙特卡罗模拟进行剩余寿命估计。假设系统在某一退化状态下，蒙特卡罗模拟的迭代次数为 $N_{M_C,i}$，该次数与系统处于该状态的条件概率成正比，即 $N_{M_C,i}=p(s_{s,t}|X_{1:t})\cdot\Delta s_{s,t}\cdot N_{M_C}$，其中 $N_{M_C}=\sum_{i=1}^{N_{\mathrm{all}}}N_{M_C,i}$。根据式（5.2-6）、式（5.2-7）和式（5.2-8），本式的 $\Delta s_{s,t}$ 可以忽略，而 $p(s_{s,t}|X_{1:t})\cdot\Delta s_{s,t}$ 为系统对该状态的似然估计。如果系统处在某个可能退化状态的条件概率为 0，即 $p(s_{s,t}|X_{1:t})=0$，则不需要针对该状态进行蒙特卡罗模拟。

考虑到状态方程中的不确定性，在蒙特卡罗模拟过程中将随机从噪声分布中选择一个数值。在每次蒙特卡罗模拟的过程中，都可以获得系统的一个剩余寿命预测值 $\widehat{RUL}_{i,s}(i=1,2,\cdots,N_{M_C})$。最终系统的剩余寿命为 $\widehat{RUL}_s=\frac{1}{N_{M_C}}\sum_{i=1}^{N_{M_C}}\widehat{RUL}_{i,s}$，进而可以通过所有蒙特卡罗模拟得到的系统所有剩余寿命值 $\widehat{RUL}_{i,s}$ 估计系统剩余寿命的分布。

在收集到新的监测数据 x_{t+1} 后，系统在每个可能的退化状态下的条件概率

将被更新为 $p(s_{s,t+1}|X_{1:t+1})$，然后可以通过蒙特卡罗模拟自适应地更新系统的故障预测结果。

5.2.2.3 包含两个组件的系统的自适应故障预测

本节将以包含两个组件的系统为例介绍上面提出的自适应故障预测方法。该系统的结构如图 5.2-2 所示。该系统的特征描述如下。

(1) 组件 1 服从一个离散退化过程，其退化水平数为 N_1；组件 2 服从连续退化过程。

(2) 监测数据 x_t 反映了组件 2 的退化水平。由于噪声的存在，监测数据与组件 2 真实退化水平满足下面的关系：$x_t = s_{2,t} + \varepsilon$。

(3) 组件 2 的退化率取决于组件 1 和组件 2 的退化水平，满足关系 $s'_{2,t} = g_2(s_{1,t}, s_{2,t})$ 和 $s_{2,t+1} = \int_t^{t+1} g_2(s_{1,t}, s_{2,t}) + \gamma \mathrm{d}t$。

(4) 组件 1 的退化过程为多态马尔可夫过程，满足关系 $s_{1,t+1} = g_1(s_{1,t}, \lambda_t)$。

(5) 组件 1 的失效阈值为 T_h。

(6) 任意组件失效都会导致系统失效。

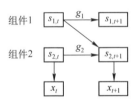

图 5.2-2 由两个组件组成的故障相关系统

根据 5.2.2.2 节的介绍，首先将连续退化的组件 2 的退化状态离散化。假设组件 2 的连续退化水平范围是 $[0, T_h]$（其中 T_h 为失效阈值），将其分成 N_2 个离散状态，两个相连退化状态之间的距离为 $\Delta s_2 = \dfrac{T_h}{N_2 - 1}$。系统的退化状态由各组件退化状态组成，即 $s_{s,t} = \{s_{1,t,M_1,i_{t,1}}, s_{2,t,M_2,i_{t,2}}\}$（$i_{t,1} = 1, 2, \cdots, N_1$；$i_{t,2} = 1, 2, \cdots, N_2$）。由式（5.2-6）可以得出在 t 时刻系统处于退化状态 $s_{s,t}$ 的条件概率为

$$p(\{s_{1,t,M_1,i_{t,1}}, s_{2,t,M_2,i_{t,2}}\}|X_{1:t}) \equiv \frac{p(x_t|\{s_{1,t,M_1,i_{t,1}}, s_{2,t,M_2,i_{t,2}}\})l(\cdot)}{\Delta s_{s,t} \sum_{i_{t,2}=1}^{N_2} \sum_{i_{t,1}=1}^{N_1} p(x_t|\{s_{1,t,M_1,i_{t,1}}, s_{2,t,M_2,i_{t,2}}\})l(\cdot)}$$

其中

$$l(\cdot) = \sum_{i_{t-1,2}=1}^{N_2} \sum_{i_{t-1,1}=1}^{N_1} p(\{s_{1,t,M_1,i_{t,1}}, s_{2,t,M_2,i_{t,2}}\} | \{s_{1,t-1,M_1,i_{t-1,1}}, s_{2,t-1,M_2,i_{t-1,2}}\})$$
$$\cdot p(\{s_{1,t-1,M_1,i_{t-1,1}}, s_{2,t-1,M_2,i_{t-1,2}}\} | X_{1:t-1})$$

(5.2-9)

由于系统监测数据只与部件2的退化状态有关,递归贝叶斯公式(5.2-9)可以简化为

$$p(\{s_{1,t,M_1,i_{t,1}}, s_{2,t,M_2,i_{t,2}}\} | X_{1:t}) \equiv \frac{p(x_t | s_{2,t,M_2,i_{t,2}}) l(\cdot)}{\Delta s_{s,t} \sum_{i_{t,2}=1}^{N_2} p(x_t | s_{2,t,M_2,i_{t,2}}) l(\cdot)} \quad (5.2-10)$$

并行蒙特卡罗模拟中,针对系统可能的退化状态 $s_{s,t}$ 的模拟次数为 $N \cdot p(s_{s,t} | X_{1:t}) \Delta s_{s,t}$,其中 N 为总的蒙特卡罗模拟次数。由于两个组件的退化状态 $s_{1,t,M_1,i_{t,1}}$ 和 $s_{2,t,M_2,i_{t,2}}$ 是相互独立的,因此 $p(s_{s,t} | \{s_{1,t-1,M_1,i_{t-1,1}}, s_{2,t-1,M_2,i_{t-1,2}}\})$ 可以表示为

$$p(s_{1,t,M_1,i_{t,1}} | \{s_{1,t-1,M_1,i_{t-1,1}}, s_{2,t-1,M_2,i_{t-1,2}}\}) \cdot p(s_{2,t,M_2,i_{t,2}} | \{s_{1,t-1,M_1,i_{t-1,1}}, s_{2,t-1,M_2,i_{t-1,2}}\})$$

在 N 次蒙特卡罗模拟中,每次模拟都可以获得各组件及系统的一组剩余寿命值,即 $\widehat{RUL}_{i,1}$、$\widehat{RUL}_{i,2}$ 和 $\widehat{RUL}_{i,s}$,并满足关系 $\widehat{RUL}_{i,s} = \min(\widehat{RUL}_{i,1}, \widehat{RUL}_{i,2})$。

5.3 实验介绍及结果分析

5.3.1 案例介绍

以上提出的方法将应用于核电站余热排出系统中泵-阀子系统的剩余寿命预测中。泵-阀子系统由气动阀门和离心泵两个组件组成。离心泵的退化满足一个连续时间齐次马尔可夫过程。其退化过程如图5.3-1所示。离心泵的退化过程可以分为四个状态,依次记作 $M_{p,3}$、$M_{p,2}$、$M_{p,1}$ 和 $M_{p,0}$,其中 $M_{p,3}$ 代表健康状态,$M_{p,0}$ 代表失效状态。

图5.3-1 离心泵退化过程示意图

在该假设下,假设离心泵在 t 时刻的状态为 $M_{p,k}(k=1,2,3)$,则离心泵在 $t+1$ 时刻的退化状态为 $M_{p,k}$ 或 $M_{p,k-1}$,且满足 $p(s_{p,t+1,M_{p,k-1}} | s_{p,t,M_{p,k}}) = 1 - p(s_{p,t+1,M_{p,k}} | s_{p,t,M_{p,k}}) = 1 - e^{-\lambda}$ 的关系。

气动阀的退化是一个连续退化的过程，其退化速率与离心泵的退化状态有关。该相关性可以表示为 $s'_{v,t}=10^{-8}\times[4-1.5\times(s_{p,t}-1)]$。其中，$s_{p,t}$ 为离心泵在 t 时刻的退化状态，$s'_{v,t}$ 为气动阀在该时刻的退化速率。比如，离心泵在 t 时刻的退化状态为 2，那么气动阀的退化速率由上式可以求得，为 $s'_{v,t}=2.5\times10^{-8}$。该相关性是对真实相关性的简化，但是这并不影响对本节所提出模型的通用性的验证。在现实问题中，该相关性往往可以通过物理关系或统计方法获得。这一部分不作为本节的重点，故假设该关系是已知的。

在本案例中，每秒监测并采集一次气动阀的退化状态，监测数据与气动阀真实退化状态满足关系 $x_t=s_{v,t}+\varepsilon$，且 $\varepsilon\in N(0,8\times10^{-8})$。

为了简化系统的分析，我们假设在两次监测数据之间，如果系统发生状态转移，该转移将恰好发生在数据采集时刻之前。也就是说，系统在两次数据采集时刻之间的退化率是一定的，即 $s_{v,t+1}=s_{v,t}+s'_{v,t}t+\gamma$，其中 $\gamma\in N(0,4\times10^{-8})$ 是操作和环境因素造成的服从正态分布的噪声。该假设成立的前提条件是离心泵的状态转移率较低，这也符合本章案例的实际情况。图 5.3-2 展示了离心泵在现实情况与本章简化下处在各退化状态的概率比较。我们可以发现该假设下离心泵处在不同状态的概率分布与实际情况非常相近。事实上，如果离心泵的转移率较高，那么可以通过降低采样周期，使本假设成立。

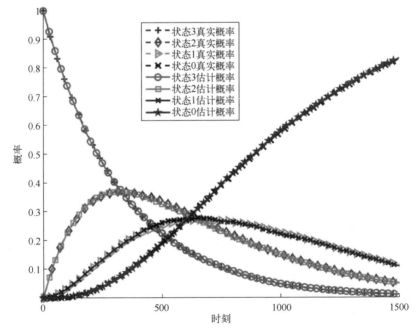

图 5.3-2 离心泵在现实情况与本章简化下处在各退化状态的概率比较

气动阀的失效阈值为 Th = 1.5×10⁻⁵。离心泵与气动阀的失效都会造成该泵-阀系统失效。本案例研究考虑了四个泵-阀系统失效的情景。其具体数据如表 5.3-1 所列。

表 5.3-1 案例研究中考虑的泵-阀系统失效的真实数据

情 景	离心泵在各状态的保持时间/s			失效时间/s	失 效 类 型
	状态 3	状态 2	状态 1		
情景 1	22	433	291	559	气动阀失效
情景 2	333	104	700	658	气动阀失效
情景 3	65	172	32	268	离心泵失效
情景 4	49	81	267	397	离心泵失效

气动阀的连续退化过程被分为 500 个离散的退化状态,记为 $M_{v,i}$($i=1, 2,\cdots,500$),其中 $M_{v,1}$ 为失效状态,$M_{v,500}$ 为健康状态,$\Delta s_v = \text{Th}/499$。$s_{v,t,M_{v,i}}$ 表示气动阀在 t 时刻的退化状态为 $M_{v,i}$。

5.3.2 系统初始退化状态未知情况下的自适应故障预测结果

根据时刻 1 的监测数据,气动阀处在各个可能的退化状态的条件概率 $p(s_{v,1,M_{v,i}}|x_1)$ 为 $\dfrac{p(x_1|s_{v,1,M_{v,i}})p(s_{v,1,M_{v,i}})}{\Delta s_v \sum_{j=1}^{500} pp(x_1|s_{v,1,M_{v,i}})p(s_{v,1,M_{v,i}})}$,其中,$p(s_{v,1,M_{v,i}}) = 1/500$。如果离心泵处于工作状态,那么假设其处在状态 3、状态 2 和状态 1 的概率相同,即 $p(s_{p,1,M_{p,3}}) = p(s_{p,1,M_{p,2}}) = p(s_{p,1,M_{p,1}}) = 1/3$。那么,经过计算可以获得系统在 1 时刻处于各个退化状态的概率为 $p(\{s_{v,1},s_{p,1}\}|x_1) = p(s_{v,1}|x_1)p(s_{p,1})$。根据递归贝叶斯方法,我们可以估计截至 t 时刻,系统处在各个可能退化状态的概率为 $p(\{s_{v,t},s_{p,t}\}|\boldsymbol{X}_{1:t})$。

本案例中,蒙特卡罗模拟的总次数为 10^5。图 5.3-3～图 5.3-6 展示了在不同截止时刻的监测数据下,离心泵和气动阀处在不同状态的概率及真实状态的对比。从这些图中可以看出递归贝叶斯方法可以很好地估计系统中各组件所处的退化状态。即使在表 5.3-1 所示的不同情形下,离心泵在各状态的保持时间差别很大;在系统的初始退化状态未知的情况下,递归贝叶斯方法也可以准确估计各组件处在不同退化状态的概率。同样,我们也可以观察到,在离心泵状态转变之后,递归贝叶斯方法需要到一定量的数据才能较准确地估计系统所处的真实退化状态,这是由贝叶斯方法的数学本质决定的。

图 5.3-7～图 5.3-10 展示了根据不同截止时刻的监测数据预测的系统的

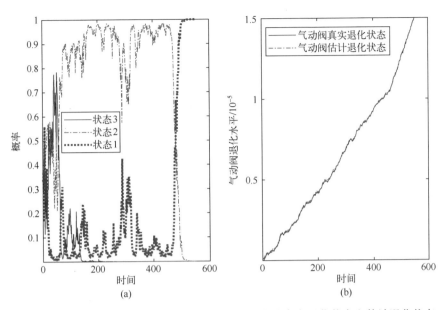

图 5.3-3 离心泵（a）与气动阀（b）在情景 1 中的真实退化状态和估计退化状态

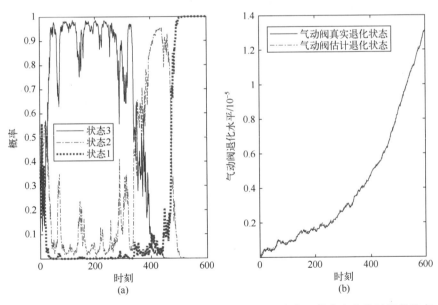

图 5.3-4 离心泵（a）与气动阀（b）在情景 2 中的真实退化状态和估计退化状态

剩余寿命分布。从图中可以看出，随着收集到的监测数据越来越多，本章节所介绍方法的故障预测结果越来越准确。主要表现为，随着时间推移，系统剩余寿命的可能区间和在该区间上的分布越来越集中在系统真实剩余寿命附近。同时也可以看到,所提出的方法在情景 3 中的预测结果令人不满意。这是由于离心泵的转移率为 0.003/t,其在每个退化状态的平均持续时间为 333。但是在情景 3 中,离心泵在不同状态下的持续时间都远远小于平均时间。由于缺少足够的监测数据,本章所提出方法在情景 3 的结果较其他情景略差。

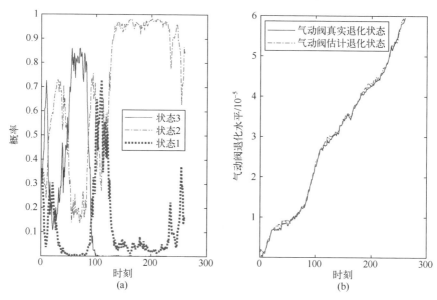

图 5.3-5　离心泵(a)与气动阀(b)在情景 3 中的真实退化状态和估计退化状态

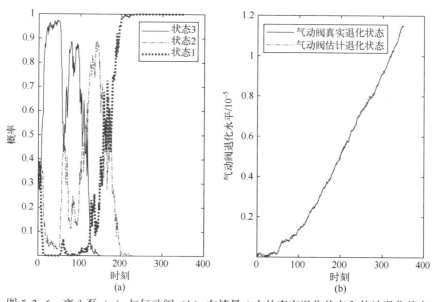

图 5.3-6　离心泵(a)与气动阀(b)在情景 4 中的真实退化状态和估计退化状态

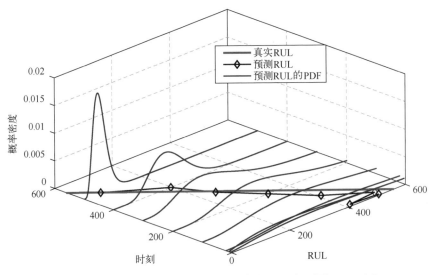

图 5.3-7 情景 1 中，不同时刻系统真实 RUL 与预测 RUL 对比

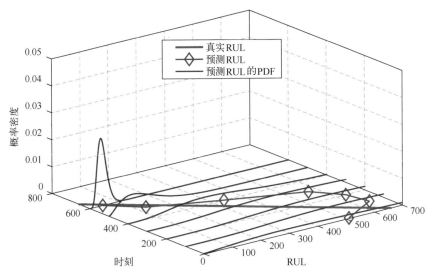

图 5.3-8 情景 2 中，不同时刻系统真实 RUL 与预测 RUL 对比

5.3.3 系统初始退化状态已知情况下的自适应故障预测结果

本节中，首先假设收集到了从时刻 1 到 t 的监测数据，同时系统在时刻 0 时的退化状态是已知的，为健康状态，即 $s_{v,0} = M_{v,500}$、$s_{p,0} = M_{p,3}$ 以及 $s_{s,0} = \{M_{v,500}, M_{p,3}\}$。那么，在收集到时刻 1 的监测数据后，离心泵在时刻 1 时处在

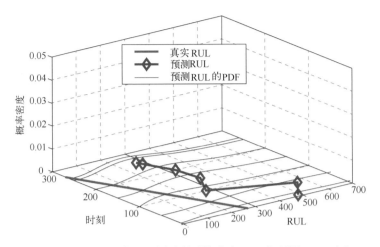

图 5.3-9 情景 3 中，不同时刻系统真实 RUL 与预测 RUL 对比

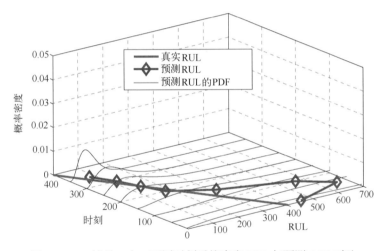

图 5.3-10 情景 4 中，不同时刻系统真实 RUL 与预测 RUL 对比

各个退化状态的概率分别为 $p(s_{p,1,M_{p,3}}|s_{p,0,M_{p,3}}) = e^{-\lambda}$，$p(s_{p,1,M_{p,2}}|s_{p,0,M_{p,3}}) = 1-e^{-\lambda}$，$p(s_{p,1,M_{p,1}}|s_{p,0,M_{p,3}}) = 0$。同时，气动阀处在各个退化状态的概率为 $p(s_{v,1,M_{v,i}}|x_1,$ $s_{s,0}) = \dfrac{p(x_1|s_{v,1,M_{v,i}})p(s_{v,1,M_{v,i}}|s_{s,0})}{\Delta s_v \sum\limits_{j=1}^{500} p(x_1|s_{v,1,M_{v,j}})p(s_{v,1,M_{v,j}}|s_{s,0})}$。因此，系统在时刻 1 时处在各个可能退化状态的概率为 $p(\{s_{v,1},s_{p,1}\}|x_1,s_{s,0}) = p(s_{v,1}|x_1,s_{s,0})p(s_{p,1}|s_{p,0,M_{p,3}})$。根据递归贝叶斯方法，我们可以估计系统在 t 时刻处在各个可能退化状态的概率 $p(\{s_{v,t},s_{p,t}\}|\boldsymbol{X}_{1:t})$。在本节中，以 PDMP 为基准方法，将其预测结果与本章所提出方法的结果进行对比。

图 5.3-11~图 5.3-14 展示了 PDMP 与本章所介绍的方法在 4 种情景下的剩余寿命（RUL）预测结果。从结果中可以看出，本章所介绍的方法的结果要优于 PDMP。而且在收集到越来越多的数据后，本章所介绍方法可以更快地向真实剩余寿命收敛。同样的问题在于，由于情景 3 中离心泵在各个退化状态的保持时间较大地偏离了平均值，因此所提出的方法不能像在其他 3 种情景中准确地预测系统的剩余寿命。

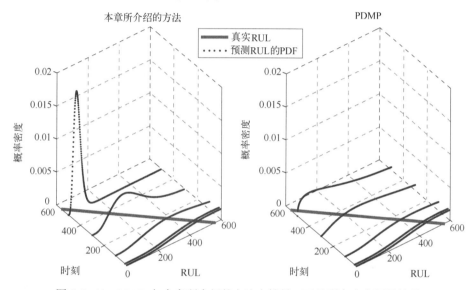

图 5.3-11　PDMP 与本章所介绍的方法在情景 1 下的剩余寿命预测结果

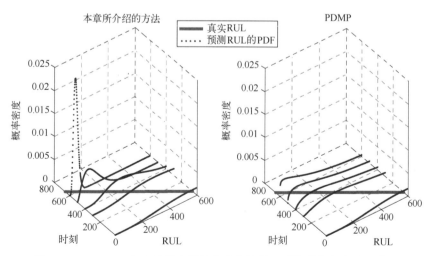

图 5.3-12　PDMP 与本章所介绍的方法在情景 2 下的剩余寿命预测结果

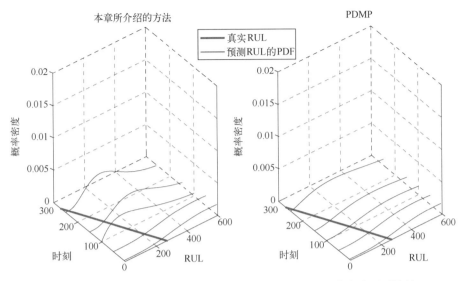

图 5.3-13 PDMP 与本章所介绍的方法在情景 3 下的剩余寿命预测结果

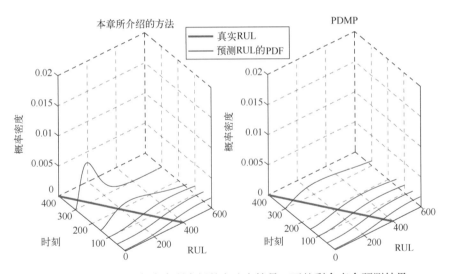

图 5.3-14 PDMP 与本章所介绍的方法在情景 4 下的剩余寿命预测结果

表 5.3-2 展示了本章所介绍的方法与 PDMP 在不同时刻预测结果绝对误差 (absolute error, AE) 比较。绝对误差是该方法在某一时刻预测的系统剩余寿命值与真实值的差的绝对值,即 $|\widehat{\mathrm{RUL}}_{s,t}-\mathrm{RUL}_{s,t}|$。其中,$\widehat{\mathrm{RUL}}_{s,t}$ 是在 t 时刻系统剩余寿命的预测值;$\mathrm{RUL}_{s,t}$ 是该时刻系统的真实剩余寿命。

表 5.3-2　PDMP 与本章所介绍的方法在不同时刻预测结果的绝对误差比较

项　目	情　景　1					情　景　2				
时刻	5	20	100	300	500	5	300	400	500	600
本章所介绍的方法	114	115	26	9	1	17	212	81	27	13
PDMP	116	116	118	146	216	17	47	72	117	181
项　目	情　景　3					情　景　4				
时刻	5	50	100	150	250	5	50	100	150	300
本章所介绍的方法	404	420	111	222	262	274	314	266	65	20
PDMP	405	405	407	411	426	306	274	278	282	307

从表 5.3-2 可以看出，PDMP 与本章所介绍的方法在监测数据量较少的时刻，可以给出相似的预测结果。但是随着时间的推移，在收集到越来越多的监测数据后，本章所介绍的方法，其剩余寿命预测结果的绝对误差要远远小于 PDMP，这也就说明本章所介绍的方法可以很好地刻画特定系统退化过程的特殊性。而 PDMP 针对不同的系统，在相同时刻给出的预测结果是相同的，也就是说，PDMP 只能给出该类系统平均的剩余寿命水平，不能针对特定系统计算其剩余寿命。

5.4　小　结

本章介绍了基于递归贝叶斯方法的自适应故障预测方法。根据已经建立的状态方程、观测方程以及在线监测数据，该方法可以很好地实现自适应故障预测。该方法主要针对具有相关退化过程的系统。状态方程和观测方程的噪声对预测结果的影响也是本章使用递归贝叶斯方法时重点解决的问题。在本章所介绍的方法中，首先使用递归贝叶斯方法根据收集的监测数据估计系统在当前时刻所处的退化状态及概率，其次使用并行蒙特卡罗模拟算法估计系统在该时刻下的剩余寿命及分布。需要注意的是，本章所介绍的方法既可以应用于初始退化状态已知的系统，也可以应用于初始退化状态未知的系统。

在核电站余热排出系统中泵-阀子系统的实际案例中，实验结果表明本章所介绍的方法可以很好地反映特定子系统的退化特征。而作为基准算法的 PDMP 算法，只能给出该类系统的平均剩余寿命，无法反映出特定系统的退化过程特征。

参考文献

[1] LIU J, ZIO E. System dynamic reliability assessment and failure prognostics [J]. Reliability Engineering & System Safety, 2017, 160: 21-36.

[2] LIN Y H, LI Y F, ZIO E. Fuzzy Reliability Assessment of Systems with Multiple Dependent Competing Degradation Processes [J]. IEEE Transactions on Fuzzy Systems, 2015, 23 (5): 1428-1438.

[3] LIU Y, ZUO M J, LI Y F, et al. Dynamic Reliability Assessment for Multi-State Systems Utilizing System-Level Inspection Data [J]. IEEE Transactions on Reliability, 2015, 64 (4): 1287-1299.

[4] YE Z S, YU W, TSUI K L, et al. Degradation Data Analysis Using Wiener Processes With Measurement Errors [J]. IEEE Transactionson Reliability, 2013, 62 (4): 772 – 780.

[5] SI X S, WANG W, CHEN M Y, et al. A degradation path-dependent approach for remaining useful life estimation with an exact and closed-form solution [J]. European Journal of Operational Research, 2013, 226 (1): 53-66.

[6] A B L, B Z X, A M X, et al. A value-based preventive maintenance policy for multi-component system with continuously degrading components [J]. Reliability Engineering & System Safety, 2014, 132 (132): 83-89.

[7] TOMBUYSES B, ALDEMIR T. Computational efficiency of the continuous cell-to-cell mapping technique as a function of integration schemes [J]. Reliability Engineering & System Safety, 1997, 58 (3): 215-223.

[8] LEI J, FENG Q, COIT D W. Reliability analysis for dependent failure processes and dependent failure threshold [C]// 2011 International Conference on Quality, Reliability, Risk, Maintenance, and Safety Engineering. IEEE, 2011.

[9] CARLO VITANZA. RIA Failure Threshold and LOCA Limit at High Burn-up [J]. Journal of Nuclear Science and Technology, 2012, 43 (9).

[10] LIU J, ZIO E. A SVR-based ensemble approach for drifting data streams with recurring patterns [J]. Applied Soft Computing, 2016, 47: 553-564.

[11] POPPE J, BOUTE R, LAMBRECHT M. A hybrid opportunistic condition-based maintenance policy for continuously monitored components [J]. International Service Operations Management Forum (World Class Maintenance) edition: 7 location: Tilburg (The Netherlands) date: 21-23 September 2014, 42.

[12] ORCHARD M E, VACHTSEVANOS G J. A particle-filtering approach for on-line fault diagnosis and failure prognosis [J]. Transactions of the Institute of Measurement & Control, 2007, 31 (3-4): 221-246.

第6章

自适应数据驱动模型在核电站中的应用

支持向量回归机（SVR）是常用的故障预测方法之一。与大多数数据驱动算法一样，在时变操作环境和负载下，设备的退化过程也不是一成不变的。SVR 预测模型只有具有自适应学习的能力，才能保证模型输出的准确性。但重新训练模型的计算复杂度非常高，本章介绍一种计算成本较低的 SVR 自适应学习方法。该方法继承了特征选择方法（feature vector selection）、增量和减量学习（incremental & decremental learning）方法的优势。所提出的方法可以根据收集到的监测数据检测退化模式的变化，并针对退化模式不同的变化类型采取合适的方式对模型进行更新。[1]

6.1 研究背景

目前，大多数针对数据驱动故障预测算法的研究都假设训练集与测试集数据来自一个未知的但是相同的分布。机器学习方法只能通过训练较好地掌握训练集数据的退化模式。但是，设备通常都是在不固定的操作环境和负载下运行的，也就是说其退化模式存在漂移。为了能够应对这种状况，机器学习模型需要具有自适应学习的能力。自适应学习的能力是指模型可以在退化模式漂移的情况下，自主地检测并学习漂移的退化模式，以保证在测试集数据上的预测准确度。

SVR 作为一种流行的机器学习模型，也需要具有能够应对退化模式漂移情况的能力。但是目前对这个问题的研究还较少。本章将介绍一个针对 SVR 模型的高效自适应学习方法。

首先介绍目前文献中提出的一些针对 SVR 模型的自适应学习方法，然后具体介绍本章所要提出的方法。在目前文献介绍的方法中，自适应学习方法主要基于模型对数据样本的预测准确度和/或输入变量的空间特征变化。当 SVR 模型在新数据样本上的预测结果不准确和/或新数据样本输入向量空间中包含新的输入信息时,目前自适应学习的策略是在 SVR 模型中添加新数据样本。在文献[2]中,作者提出了一种基于自适应 KPCA 和 SVR 的高压断路器(HVCB)实时故障诊断方法。在文献[3]中,作者提出了一个具有自适应调整最小包围球(MEB)的在线核心向量机分类器。在文献[4]中,作者将在线贝叶斯算法与顺序构造训练数据子集相结合,提出了一种稀疏在线高斯过程(sparse online Gaussian process,SOGP)以克服大数据集对高斯过程的限制。以上方法只考虑新样本输入向量的空间特征的变化来更新模型,而不考虑预测的准确性。在文献[5]中,作者提出了一个在线递归算法来添加或删除模型中的一个数据样本,同时保持模型中现有数据点满足 KKT 条件。文献[6]的作者基于前面的结果提出了一种同时针对多个数据样本的学习算法。但是这些递增和递减的自适应学习方法没有对新数据样本进行判别,很容易将噪声和无用数据样本添加到故障预测模型中。在文献[7]中,作者提出了用于分类和回归的在线被动攻击算法,但是该方法仅将预测准确度作为自主学习及更新模型的准则。在文献[8]中,作者在高维特征空间内使用经典的随机梯度下降方法用于核函数的在线学习。但是梯度下降方法完全破坏了 SVR 所必须满足的 Kuhn-Tucker 条件。

  本章将介绍一个基于 SVR 自适应故障预测方法,该方法主要回答"什么时候"和"以什么方式"自适应更新 SVR 模型这两个问题。该模型通过结合特征选择方法、增量和减量学习平衡预测精度、鲁棒性和计算复杂度之间的矛盾,该方法简称 Online-SVR-FID。特征向量选择方法选择能够在 SVR 特征空间内线性表达所有训练数据的小部分数据样本作为特征向量,然后使用所选择的特征向量训练 SVR 模型。线性表达是指任意训练数据在特征空间内都可以分解为特征向量的线性和。根据特征向量选择方法,每个数据样本(输入-输出)都被看作一种退化模式,进而本章定义了两种退化模式漂移类型。一种是改变的退化模式,即新数据样本的输入可以表示为现有特征向量的线性和,但是其输出值与预测值差的绝对值超过了一定的阈值。另一种是新的退化模式,即在现有特征向量在特征空间内,无法在给定可接受误差范围内线性表示新数据样本的输入向量。如果有新的退化模式出现,则该样本将直接被添加到现有特征向量空间内,以增加模型的维度;如果有改变的退化模式出现,则该样本将被用于代替模型中现有的某个特征向量。在特征向量集改变后,与以往直接重新训练 SVR 模型不同的是,本方法中将使用增量和减量学习方法实现对 SVR 模型的更新,以提高模型自适应更新的效率。

6.2 研究方法

如何处理故障退化模式漂移对数据驱动模型性能的影响是当前故障预测领域面临的挑战之一。本章所介绍的 Online-SVR-FID 方法是一个可以同时处理新的退化模式和改变的退化模式的在线自适应学习方法。该方法可以有效地检测退化模式的变化，并根据不同的模式漂移方式采取适当的模型更新策略。在自适应故障预测模型中，保证 SVR 始终满足 Kuhn-Tucker 条件是非常关键的。本方法通过增量和减量学习使更新后的 SVR 模型满足 Kuhn-Tucker 条件。

为了更好地介绍此方法，本章节将首先简略介绍 SVR、特征向量选择方法以及增量和减量学习方法。

6.2.1 带有软边际损失函数的 SVR

SVR 是机器学习领域流行的监督学习算法之一。1995 年，AT&T 贝尔实验室 Vladimir Vapnik 及其同事撰写了《Statistical Learning Theory》一书，提出 SVR 是基于结构风险最小化原理（structural risk minimization, SRM）的方法[9]。

SVR 的一个重要特征是，其拟合函数仅仅是在处于边缘的数据点的核展开式，这些点称为支持向量（SV）。当使用一组非线性基函数将原始输入向量投射到高维特征空间（reproducing kernel hilbert space, RKHS）后，可以将线性 SVR 扩展，以达到处理非线性问题的目的。在 RKHS 中，可以通过线性拟合函数表示数据点输入与输出的关系。SVR 的一个重要优点是不需要确切给出这一非线性基函数并确定 RKHS 中的线性拟合函数：可以用核函数来代替，然后将拟合函数表示为核函数在 SV 上的扩展式。根据用于构建 SVR 的 SRM 原理[10]，模型的最大误差率可以由包含训练误差和描述模型容量的 Vapnik-Chervonenkis（VC）维度公式表示。

假设有训练数据集 $T=\{(x_i, y_i): i=1,2,\cdots,N\}$，SVR 的目的是找到一个在训练集上最大误差不超过 ε 的拟合函数 $f(x)$，同时要求拟合函数尽可能平滑。换句话说，拟合函数在每个训练样本上的误差都不能超过 ε，只要误差在此范围内就尽量使拟合曲线平滑。但是在保证曲线具有一定平滑度的基础上，并不能保证拟合函数在每个训练样本上的误差都小于 ε，这时候在模型训练过程中就要允许拟合函数在某些训练样本上的误差大于 ε。这就是本章中介绍的带有软边际损失函数的 SVR[11]，我们可以在 SVR 优化问题中通过引入松弛变

量 ξ_i, ξ_i^* 的方法来实现这一目的。

为了论述方便，我们首先介绍线性 SVR 的优化问题：

$$\min \frac{1}{2}\|\boldsymbol{\omega}\|^2 + C\sum_{i=1}^{N}(\xi_i + \xi_i^*)$$

$$\text{s.t.} \begin{cases} y_i - f(\boldsymbol{x}) \leqslant \varepsilon + \xi_i \\ f(\boldsymbol{x}) - y_i \leqslant \varepsilon + \xi_i^* \\ \xi_i, \xi_i^* \geqslant 0 \\ f(\boldsymbol{x}) = \boldsymbol{\omega x} + b \end{cases} \quad (6.2\text{-}1)$$

式中：常数 C 是拟合函数 $f(\boldsymbol{x})$ 平滑度与拟合函数准确度之间的权衡因子。图 6.2-1 是 ε-非敏感损失函数的示意图，表示了拟合函数误差与损失之间的关系。只有误差大于 ε 的数据样本才被计入损失的计算中。

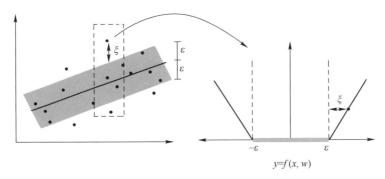

图 6.2-1 ε-非敏感损失函数

事实上，在大多数情况下，为了更快地求解式（6.2-1），可以将其转化为下面的形式：

$$L = \frac{1}{2}\|\boldsymbol{\omega}\|^2 + C\sum_{i=1}^{N}(\xi_i + \xi_i^*) - \sum_{i=1}^{N}(\eta_i\xi_i + \eta_i^*\xi_i^*) -$$

$$\sum_{i=1}^{N}\alpha_i(\varepsilon + \xi_i - y_i + \boldsymbol{\omega x}_i + b) - \sum_{i=1}^{N}\alpha_i^*(\varepsilon + \xi_i^* + y_i - \boldsymbol{\omega x}_i - b) \quad (6.2\text{-}2)$$

式中：η_i、η_i^*、α_i、α_i^* 为拉格朗日算子。通过计算 L 对未知变量 $\boldsymbol{\omega}$、b、ξ_i、ξ_i^* 的偏微分，并将结果代回式（6.2-2）中可以推导出下面的等效优化问题：

$$\max \frac{1}{2}\sum_{i,j=1}^{N}(\alpha_i - \alpha_i^*)(\alpha_j - \alpha_j^*)\boldsymbol{x}_i\boldsymbol{x}_j - \varepsilon\sum_{i=1}^{N}(\alpha_i + \alpha_i^*) + \sum_{i=1}^{N}y_i(\alpha_i - \alpha_i^*)$$

$$\text{s.t.} \sum_{i=1}^{N}(\alpha_i - \alpha_i^*) = 0, \quad \alpha_i, \alpha_i^* \in [0, C] \quad (6.2\text{-}3)$$

L 对于 $\boldsymbol{\omega}$ 的偏微分表明 $f(\boldsymbol{x})$ 可以表示为

$$f(\boldsymbol{x}) = \sum_{i=1}^{N} (\alpha_i - \alpha_i^*) \boldsymbol{x}_i \boldsymbol{x} + b \quad (6.2\text{-}4)$$

式（6.2-4）就是通常所说的支持向量扩展式，也就是说，$\boldsymbol{\omega}$ 可以表示为支持向量的线性和。从这个层面上讲，SVR 的拟合函数与输入数据的维数是不相关的，只与支持向量的个数有关。

式（6.2-4）中的线性拟合函数只能解决线性回归问题。但是在很多回归问题中，输入与输出之间的关系是非线性的。针对非线性回归问题，可以通过基函数 φ 将原始数据投射到高维空间。在高维空间中，输入与输出的关系变为线性的。然后就可以在此高维空间中使用上面描述的线性 SVR。

事实上，求解非线性 SVR，我们很难找到确切的基函数 φ。通过引入核函数可以很好地解决这个问题。核函数代表了两个输入向量在高维空间的内积，也就是说 $k(\boldsymbol{x}_i, \boldsymbol{x}_j) = \varphi(\boldsymbol{x}_i)\varphi(\boldsymbol{x}_j)$。式（6.2-3）中的优化问题可以改写为

$$\max \frac{1}{2} \sum_{i,j=1}^{N} (\alpha_i - \alpha_i^*)(\alpha_j - \alpha_j^*) k(\boldsymbol{x}_i, \boldsymbol{x}_j) - \varepsilon \sum_{i=1}^{N} (\alpha_i + \alpha_i^*) + \sum_{i=1}^{N} y_i (\alpha_i - \alpha_i^*)$$

$$\text{s.t.} \sum_{i=1}^{N} (\alpha_i - \alpha_i^*) = 0, \quad \alpha_i, \alpha_i^* \in [0, C] \quad (6.2\text{-}5)$$

而且，公式（6.2-4）可以写为

$$f(\boldsymbol{x}) = \sum_{i=1}^{N} (\alpha_i - \alpha_i^*) k(\boldsymbol{x}_i, \boldsymbol{x}) + b \quad (6.2\text{-}6)$$

在这种情况下，我们只需要给出核函数 $k(\boldsymbol{x}_i, \boldsymbol{x}_j)$ 即可，不需要再寻找确切的基函数 φ。而在现实中，满足 Mercer 条件的函数都可以作为核函数。

SVR 已被广泛应用在不同的领域，并取得了令人满意的成果，比如反向地质测量问题、地震液化势能、地球和环境科学、蛋白质折叠和远程同源检测、图像检索、面部表情分类、半圆形和圆形通道的终点深度和出血预测、交通速度和行程时间预测、乳腺癌预测、地下电缆温度预测等[12-14]。但是，应用 SVR 方法还存在一些挑战，包括大数据下过高计算需求、超参优化耗时和自适应学习策略等。

6.2.2 特征向量选择方法

特征向量选择方法从整个训练集选取小部分数据样本（也就是特征向量），使其可以在 RKHS 中通过线性组合代表训练集中其他数据样本[15]。

假设 $\{(\boldsymbol{x}_i, y_i)(i=1,2,\cdots,N)\}$ 为训练集，函数 $\varphi(\boldsymbol{x})$ 可以将原始输入向量 $\boldsymbol{x}_i$ 映射到特征空间中，其投影为 $\boldsymbol{\varphi}_i$。核函数 $k_{i,j} = k(\boldsymbol{x}_i, \boldsymbol{x}_j)$ 代表特征空间中两个投影 $\boldsymbol{\varphi}_i$ 和 $\boldsymbol{\varphi}_j$ 的内积。假设目前从训练数据集中选择的特征向量为 $\{\boldsymbol{x}_1, \boldsymbol{x}_2, \cdots, \boldsymbol{x}_L\}$，其所对应的投影为 $S = \{\boldsymbol{\varphi}_1, \boldsymbol{\varphi}_2, \cdots, \boldsymbol{\varphi}_L\}$，那么可以根据式（6.2-7）的

最小值的大小判断一个新数据样本的输入向量是否为一个新的特征向量。其中，φ_{new}是新数据样本输入向量在 RKHS 空间中的投影。

$$\delta_{new} = \frac{\left\| \varphi_{new} - \sum_{i=1}^{L} a_{new,i} \varphi_i \right\|^2}{\left\| \varphi_{new} \right\|^2} \quad (6.2\text{-}7)$$

式（6.2-7）中δ_{new}的最小值可以通过内积来表示

$$\min \delta_{new} = 1 - \frac{\boldsymbol{K}_{S,new}^t \boldsymbol{K}_{S,S}^{-1} \boldsymbol{K}_{S,new}}{k_{new,new}} \quad (6.2\text{-}8)$$

式中：$\boldsymbol{K}_{S,S} = (k_{i,j})(i,j=1,2,\cdots,L)$为所选择特征向量的核矩阵，$\boldsymbol{K}_{S,new} = (k_{i,new})(i=1,2,\cdots,L)$是包含新数据样本输入向量与目前所有特征向量内积的向量。

式（6.2-9）表示了在当前特征向量集下新的输入变量的局部适应度。如果$1-J_{S,new}$为 0，则表示新数据样本的输入向量可以被当前所有特征向量线性表达，也就是说新的输入变量不是一个新的特征向量。如果$1-J_{S,new}$大于 0，则表示新数据样本的输入向量是一个新的特征向量，需要将其加入特征向量集合中。

$$J_{S,new} = \frac{\boldsymbol{K}_{S,new}^t \boldsymbol{K}_{S,S}^{-1} \boldsymbol{K}_{S,new}}{k_{new,new}} \quad (6.2\text{-}9)$$

使式（6.2-7）取得最小值的因子$\boldsymbol{a}_{new} = \{a_{new,1}, a_{new,2}, \cdots, a_{new,L}\}$的值可以通过式（6.2-10）求得。

$$\boldsymbol{a}_{new} = \boldsymbol{K}_{S,new}^t \boldsymbol{K}_{S,S}^{-1} \quad (6.2\text{-}10)$$

那么，针对整个训练数据集的全局适应度就可以表示为式（6.2-11）。FVS 方法就是要从训练数据集中选择一个特征向量集合，使其所对应的整个训练数据集的全局适应度为 1。

$$J_S = \sum_{i=1}^{T} J_{S,i} \quad (6.2\text{-}11)$$

为了提高选择特征向量过程的效率，可以使用一个很小的正数ρ作为全局适应度的阈值。与原始 FVS 方法不同的是，本章中在每次选择一个新的特征向量后，将从待选择的训练数据集中去除所有局部适应度以满足$1-J_{S,i} \leqslant \rho$关系的数据样本，也就是说，下一次迭代选择特征向量是从集合$\boldsymbol{T}_r = \boldsymbol{T}_r / \boldsymbol{E}$中选择的，其中$\boldsymbol{E} = \{(\boldsymbol{x}_k, y_k) \text{ and } (\boldsymbol{x}_i, y_i) : 1-J_{S,i} \leqslant \rho\}$，这样可以大大加快特征向量选择的过程。

图 6.2-2 展示了二维特征空间（RKHS）内 FVS 算法的示意图。在二维空间内，任意两个非共线的向量，如φ_1和φ_2，都可以组成该空间内的斜坐标系。而在该空间内的任何向量都可以表示为斜坐标系内两个轴向量的线性和。

比如，该空间内的向量 φ_3 可以表示为 $a_{31}\varphi_1+a_{32}\varphi_2$，其中 $[a_{31},a_{32}]$ 是通过式（6.2-10）计算得来的。$a_{31}\varphi_1$ 和 $a_{32}\varphi_2$ 分别代表该向量在两个坐标轴上的斜投影。然而，对于图 6.2-2 的另一个向量 φ_4，由于该向量不在现有的二维特征空间内，在该特征空间内与向量 φ_4 最近的向量为 φ_5，也就是 φ_4 在二维空间上的投影。$a_{41}\varphi_1$ 和 $a_{42}\varphi_2$ 分别为 φ_5 在两个坐标向量上的投影。我们可以看出，对于空间内的任意向量 φ，假设其与现有特征空间的夹角为 θ，局部适应度就是 $\cos^2\theta$。如果该向量处在特征空间内，夹角为 0，则局部适应度为 1；如果该向量不在特征空间内，那么其与特征空间的夹角的取值范围为 $(0,\pi/2]$。阈值 ρ 表示只有与当前特征空间夹角大于 $\arcsin\sqrt{1-\rho}$ 的向量被判定为新的特征向量。ρ 的作用与 SVR 中的软边际损失函数类似。

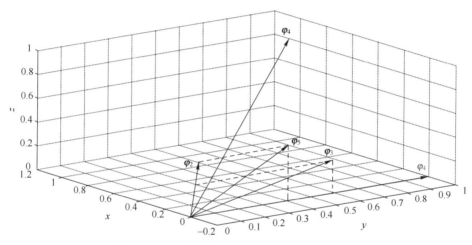

图 6.2-2　二维特征空间（RKHS）内 FVS 算法

6.2.3　增量和减量学习

增量和减量学习为自适应地更新 SVR 模型提供了一个很好的工具[16]。其主要思路是通过递归的方法逐渐改变回归方程中各数据样本的拉格朗日系数，在优化拉格朗日系数的同时，保证这些系数满足 Kuhn-Tucker 条件。该方法避免了重新训练 SVR 模型带来的非常高的计算要求，可以在有限的硬件条件下更新 SVR 模型的结构和参数。

在本章所介绍的方法中，增量和减量学习主要用于在现有 SVR 模型中增加新的特征向量和从现有模型中删除对预测准确度影响较小的特征向量。

6.2.4 Online-SVR-FID 方法介绍

本章所介绍的 Online-SVR-FID 方法分为两个主要步骤：①线下训练，即从原始训练数据中选择特征向量，并使用特征向量训练 SVR 模型；②在线预测，即根据实时监测数据自适应地判断退化模型漂移类型，并自主地采取适当的模型更新方式。图 6.2-3 和图 6.2-4 分别展示了该方法的流程和伪代码。

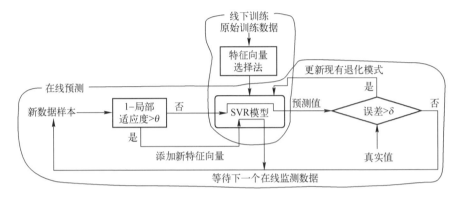

图 6.2-3 Online-SVR-FID 流程

6.2.4.1 线下模型训练

线下模型训练的过程主要分为两步。

第一步是利用特征向量选择方法从训练集中选取一定数量的特征向量。该步的目标是从训练集中选取使全局适应度最小的特征向量集。如图 6.2-4 所示，该过程是一个正向迭代选择的过程。在第一次迭代的过程中，训练集中使全局适应度 J_S 最小的数据样本是第一个特征向量。在接下来迭代的过程中，始终选择在当前特征向量集下具有最小局部适应度的样本作为下一个可能的特征向量。如果该样本的局部适应度满足 $1-J_{S,k}>\rho$，那么该样本就是一个新的特征向量，并被添加到现有特征向量集中；否则，特征向量选择的过程结束。需要注意的是，为了加快特征向量选择的过程，在下一次迭代过程之前，需要将不可能成为新的特征向量的数据样本从训练集中去除，即 $T_r=T_r\setminus E$（其中运算符号"\"表示求个人集），其中 $E=\{(\boldsymbol{x}_k,y_k)\text{ and }(\boldsymbol{x}_i,y_i):1-J_{S,i}\leq\rho\}$。该降低训练样本大小策略的原理在于，如果一个样本在当前的特征向量集下的局部适应度已经满足关系 $1-J_{S,i}\leq\rho$，即其在当前特征向量集下已经不是一个新的特征向量，那么，在下一次迭代选择特征向量的过程中，该样本不可能成为新的特征向量。需要着重强调的是，这样的特征向量选择过程保证了式（6.2-9）中的 $\boldsymbol{K}_{S,S}$ 是可逆的。

初始化：
训练集：$T_r = \{(x_i, y_i)\}$，for $i = 1, 2, \cdots, T$
测试集：$T_e = \{(x_i, y_i)\}$，for $i = T+1, T+2, \cdots, T+H$
特征向量集：$S = [\ ]$
局部适应度阈值：ρ
误差阈值：δ

线下训练：
S 的第一个 FV：
    For $i = 1, 2, \cdots, T$ 计算
        $S = \{x_i\}$，计算全局适应度 J_S。
    End for。
        将全局适应度最大的训练样本作为第一个特征向量并添加至 S
$T_r = T_r \backslash S$。
第二个及其他 FVs：
    S 基于当前特征向量集，计算 T_r 中每个样本的局部适应度；
    选择具有最低局部适应度的样本，假设为 k；
    If $1 - J_{S,k} > \rho$，此样本为新特征向量并添加至 S；$E = \{(x_k, y_k) \text{ and } (x_i, y_i) : 1 - J_{S,i} \leq \rho\}$
    并且 $T_r = T_r \backslash E$；
    If $1 - J_{S,k} \leq \rho$，结束特征选择过程；
基于特征向量集 S 训练 SVR 模型。

在线预测：
开始：对一个新的数据样本 (x_N, y_N)
    计算局部适应度 $J_{S,N}$；
        If $1 - J_{S,N} > \rho$
            添加至现有模型并返回在线学习**开始**
    If $1 - J_{S,N} \leq \rho$，计算预测误差
        If 误差小于 δ
            保持模型不变并返回在线学习**开始**
        Otherwise
            更新模型并返回在线学习**开始**

图 6.2-4 Online-SVR-FID 伪代码

第二步是训练 SVR 故障预测模型。与传统模型训练过程不同的是，所选择的特征向量组成了式（6.2-6）的预测函数，而在训练模型过程中，训练目标为在原始训练集上的最小平均预测误差。

6.2.4.2 模型在线预测及自适应更新策略

在在线预测的过程中，首先需要检测当前数据所代表的退化模式是否发生了模式漂移；其次在退化模式发生漂移的情况下，需要判断是现有退化模式发生改变（改变的退化模式），还是出现了新的退化模式；最后针对不同的退化模式漂移类型，采取相应的自适应更新策略。总的来说，通过计算在线监测数据在当前模型中特征向量集的局部适应度，来验证该数据样本是否代

表新的退化模式;如果新数据样本不代表新的退化模式,则通过计算预测值与真实值之间的误差确定现有的退化模式是否发生改变。最终根据不同的状况采取不同的自适应更新策略。

假设新监测数据样本为(x_N, y_N),并且当前模型中的特征向量集为S。

第一步是计算(x_N, y_N)在当前特征向量集上的局部适应度$J_{S,N}$。如果该样本的局部适应度满足关系式$1-J_{S,N}>\rho$,则该样本代表新的退化模式。此时,直接将其添加到SVR模型中,并通过增量学习方法以递归的方法调整模型中各特征向量的拉格朗日算子数值。同时,将该数据样本添加至当前的特征向量集。如果不满足上述关系,则该数据样本不是一个新的退化模式,进行第二步。

第二步是计算该数据样本的预测值与真实值的误差,即$|\hat{y}_N-y_N|$,其中$\hat{y}_N$是当前模型在该样本的预测值。如果误差小于预先设定的阈值δ,那么,判定当前的退化模式没有发生改变,模型也就不需要进行任何自适应更新。如果误差大于或等于预先设定的阈值,则判定当前的退化模式发生改变,这时需要使用新数据样本代替目前模型的一个特征向量。这就需要首先通过减量学习方法从模型中去除被代替的特征向量,然后通过增量学习的方法将新的数据样本添加至去除该特征向量的模型中。

当一个新的数据样本被判断为变化的退化模式时,通过以下步骤更新现有预测模型。

(1) 向量$m=(m_1, m_2, \cdots, m_l)$记录了当前模型中每个特征向量对SVR模型的贡献,其中l为当前特征向量集S中特征向量的数量。

(2) 向量m的初始值为零向量。

(3) 当线下训练阶段使用特征向量训练SVR模型后,计算各特征向量对模型的贡献。如果一个特征向量是支持向量[式(6.2-6)中相应的拉格朗日算子不为0],那么其贡献增加1。反之,其贡献不增加。

(4) 在在线学习阶段,每在模型中增加一个特征向量,就在向量m中增加一个元素m_{l+1}以记录新的特征向量对模型的贡献。将新的特征向量添加到现有模型中后,各特征向量对模型的贡献将会发生变化,模型中原有的特征向量如果仍然是支持向量,那么其贡献值需通过公式$m_i^{new} \leftarrow \tau \cdot m_i + 1$进行更新,其中$\tau$是一个小于但接近于1的正数。也就是说,模型在现有模型中的贡献要大于其在之前模型中的贡献。

(5) 在在线学习阶段,针对改变的故障模式,首先要基于现有模型中的特征向量计算式(6.2-10)给出的新数据样本对应的a_N值。然后挑选出向量a_N中非零的值所对应的特征向量,并找出这些特征向量中贡献最小的特征向量，假设其贡献为 m_l。之后，利用减量学习方法将该特征向量从模型中删除，并利用增量学习添加新的数据样本到已经删除该特征向量后的模型中。同时，使用 m_l 代表其对模型的贡献，并首先将其设为 0。在模型更新过程结束后，通过第（4）步中的特征向量贡献更新规则，更新各特征向量的贡献。

需要注意的是：

（1）在原有退化模式发生漂移时，新的数据样本会替代式（6.2-10）中 a_N 非零元素所对应的特征向量中贡献最小的那个。该方法首先要确保模型中特征向量的线性独立性，从而使式（6.2-9）中核矩阵 $K_{S,S}$ 具有可逆性。当一个数据样本由于含有噪声被误判为原有退化模式的漂移，由于对模型贡献最低的特征向量从模型中删除，该方法可以降低噪声对模型性能的影响。

（2）如果一个新的数据样本被判断为新的故障模式，则该样本会被直接添加到现有模型中，而不考虑现有模型预测的误差，这样可以最大限度地保证模型中故障模式的丰富度。这是本章所提出的方法与只考虑预测误差对模型进行更新的方法的主要区别。

（3）合理选择本章所介绍方法中的两个阈值 ρ 和 δ，可以有效降低噪声的影响并降低预测模型过拟合的概率。

6.3 核电站研究案例

使用在线支持向量回归特征识别（online-SVR-FID）进行自适应故障预测应用时的实验步骤如图 6.3-1 所示。在本案例中，原始增量学习方法[16]、朴素在线正则化最小化算法（NORMA）[17]、稀疏在线高斯过程（sparse online Gaussian processes，SOGP）方法[18]、核递归最小二乘跟踪器（kernel-based recursive least square tracker，KRLS-T）[19]方法将作为基准方法，与本章所介绍的方法在预测结果准确度和计算效率两个方面进行比较。测试数据集被用来模拟在线预测的过程，即每一时刻都有且只有一个训练样本被采集并被用于更新故障预测模型。

6.3.1 案例介绍

泵类设备保证了液体（包括冷却剂、水等）在核电站内有效流动，对核电站的安全运行非常重要。泵类设备运行指标决定了核电站在短时间内的热力学和流体力学特征。核电站冷却水主泵（reactor coolant pump，RCP）将冷却水泵至核电站的堆芯中，以吸收核裂变释放的热量，并将该热量传输至蒸汽发生器，在释放热量过程中产生的蒸汽可以驱动发电机发电。该过程也起到保护堆芯的作用,使其不会由于温度过高而发生熔损。因而,RCP 是核电站的关键设备之一。

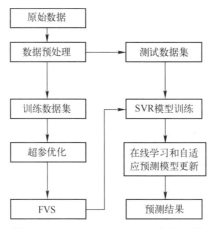

图 6.3-1　Online-SVR-FID 实验步骤

图 6.3-2 是核电站的结构示意图,展示了冷却水主泵(主冷却剂泵)在核电站中的位置。可以看出,RCP 是核电站一次测的重要设备,保证了堆芯中冷却水的供应和一次测安全。RCP 的结构示意图如图 6.3-3 所示。

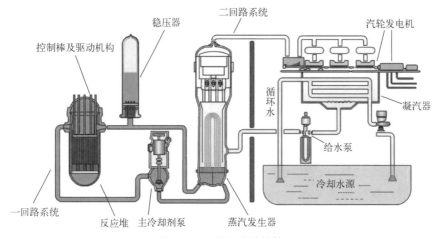

图 6.3-2　核电站的结构

RCP 主要由 3 部分组成。
(1) 泵体部分包括泵壳、导向叶片、导向轴、主法兰、叶轮、隔热罩等;
(2) 密封部分包括轴承密封系统、电动助力支撑座和联轴器;
(3) 电机部分包括上下轴承、上下机架、定子、转子、飞轮、油升降系统、空气冷却器和机油冷却器。

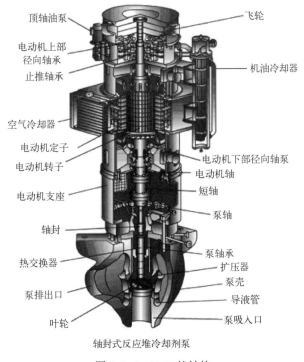

图 6.3-3 RCP 的结构

密封系统由 3 层密封圈组成，并依次称作第一密封圈、第二密封圈和第三密封圈。密封系统阻止带有辐射性的冷却水从一次侧泄漏至核电站外部。如若发生冷却水泄漏，其辐射将会影响周围工作人员的安全。同时，大量的泄漏使堆芯冷却水不足，温度升高，甚至有发生熔芯事故的风险。在核电站操作过程中，一旦泄漏量超过预先设定的阈值，就必须停堆进行处理。所以估计并预测泄漏量对于核电站安全是至关重要的。

本章主要针对第一密封圈未来短期泄漏量的预测展开。所使用的数据是某核电站一个冷却水主泵第一密封圈泄漏量的真实监测数据，其归一化后的数据如图 6.3-4 所示。

6.3.2 实验结果

6.3.2.1 超参优化结果

在案例研究中，软边界损失模型和径向基核函数被用于 SVR 模型中。该模型包括五个待优化的超参，即 SVR 模型中的参数 σ、ε、C 和两个阈值参数 ρ、δ。超参 σ 可以根据式（6.3-1）计算所得。

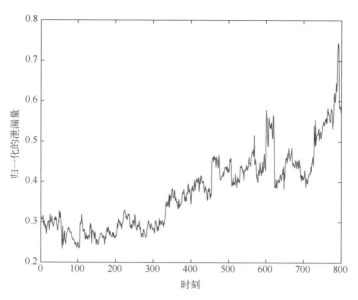

图 6.3-4　某核电站一个主泵第一密封圈泄漏量监测数据

$$\sigma^2 = \mu \cdot \max \|\boldsymbol{x}_i - \boldsymbol{x}_j\|^2 \quad (i,j=1,2,\cdots,T) \tag{6.3-1}$$

式中：μ 是介于 0 和 1 之间的参数；$\delta = 0.05$ 是根据专家经验和工程需求设定的。

在确定参数 σ 和 δ 的数值后，超参 ε 和 C 的数值可通过网格优化算法优化所得[20]。该优化过程的目标是最小化模型在整个训练集上的平均误差。通过分级、非参序贯变化检测测试（hierarchical, nonparametric sequential change-detection test）[21]可以发现，本章所使用的时间序列在时刻 420 和 780 处有明显的退化模式变化。本案例的目标是预测模型在下一时刻的泄漏量。偏相关分析有助于确定与预测值最相关的历史数据数量，进而将时间序列数据转化为常规数据。转化后的常规数据的数量为 800。本案例中选用前 300 个常规数据作为训练集，后 500 个常规数据作为在线学习的测试集。从图 6.3-4 可以看出，训练集的数据处在泄漏量较平稳的阶段，而测试集中的数据的泄漏量增长较快，其退化模式发生了明显的改变。而这样的安排就是要测试自适应在线学习模型能否准确检测退化模式的漂移，并做出准确的反应，在改变模型结构和参数的基础上，保持较好的预测准确度。

在监督学习中，SVR 模型的性能在很大程度上取决于训练数据集的大小。在 Online-SVR-FID 中，参数 σ（或者 μ）和 ρ 对特征向量选择法的选择结果是非常关键的。图 6.3-5 和图 6.3-6 分别展示了在不同 μ 和 ρ 值下所选择的特征向量集训练的 SVR 模型在测试数据上的准确度（均方差，MSE）。对于

相同的 μ 值，ρ 的值越小，则特征向量的数量越多，最终预测准确度也越高。从图 6.3-6 可以看出，当 μ 值较小时，如 $\mu = 0.001$，不同的 ρ 的值会造成预测模型结果变化较大。但是当 μ 值较大时，如 $\mu = 1.3$，不同的 ρ 的值对预测结果的影响并不明显。

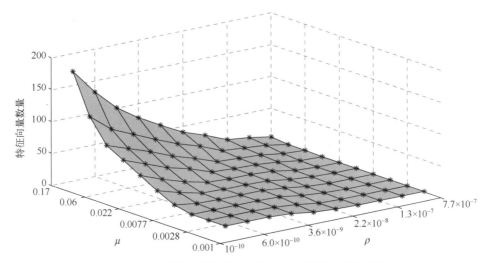

图 6.3-5 特征向量数量与参数 μ 和 ρ 的值之间的关系

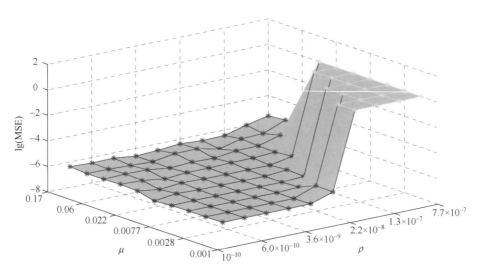

图 6.3-6 参数 μ 和 ρ 不同取值下 SVR 模型在测试集的预测准确度

需要指出的是，在在线学习过程中，不同的 μ 和 ρ 值可以使更多的训练数据被判定为特征向量，但是预测模型的准确度并不一定会改善。这是因为训练集中的噪声会影响模型的预测结果。在选择更多的特征向量时，其包含的噪声也越来越明显，这也同时说明通过特征向量选择法降低训练集大小的策略在本案例中是合理的。

6.3.2.2 Online-SVR-FID 预测结果

Online-SVR-FID 的在线学习效率首先取决于训练集的大小。一般而言，训练集数据越多，模型的预测结果也越准确。针对 Online-SVR-FID，线下训练阶段选择的特征向量数量越多，模型在线学习时间越长。这是因为 SVR 模型的计算时间与训练样本数量的三次方成正比。为此，考虑到模型的预测性能和效率，本案例中参数 μ 和 ρ 的取值分别为 10^{-3} 和 2.2×10^{-8}。模型在线预测结果的均方差和计算时间分别为 0.0011 和 8.8944s。超参 ε 和 C 的值分别为 0.0152 和 1.5199×10^4。在此参数设置下，训练集中共 11 个训练样本被选为特征向量。在线预测的结果如图 6.3-7 所示。图中，"◇"代表新的退化模式，"□"代表改变的退化模式。在整个在线学习的过程中，分别有 3 个和 53 个数据样本被判定为新的退化模式和改变的退化模式。需要注意的是，只有在新的退化模式出现时才需增加模型的维度，也就是增加模型的支持向量数量，即计算复杂度。

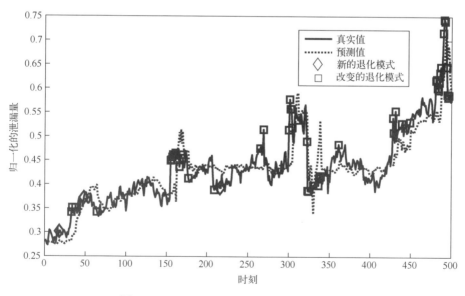

图 6.3-7　Online-SVR-FID 在线预测的结果

对于优化参数 μ 和 ρ，其中参数 ρ 的优化过程较简单，由于在给定参数 μ 值的条件下，模型预测结果的均方差是随着 ρ 值的增加而降低的，那么可以通过判定模型预测结果均方差变化速率决定最优的参数 ρ 的值。

6.3.2.3 结果对比

针对本案例，本节将对比 Online-SVR-FID 与各基准模型的性能和效率。基于径向基核函数和软边界损失函数的 SVR 模型作为传统增量和减量学习方法与 NORMA 的基模型，该模型将在线预测过程中通过传统增量和减量学习方法与 NORMA 方法进行更新。基模型 SVR 中超参 (C, ε, σ) 的值为 (10000, 0.0025, 0.100)。NORMA 方法中的学习率设定为 5×10^{-6}。在 NORMA 自适应学习过程中，小于 0.01 的拉格朗日算子值所对应的训练样本将从模型中直接被去除。基于 300 个训练样本的 SOGP 模型作为线下训练模型，然后在在线预测的过程中，每个测试样本都用于更新 SOGP 模型。在 SOGP 模型中，新基向量的阈值为 10^{-8}，径向基核函数 σ 值为 0.01，最大基向量数量为 100；在 KRLS 模型中，径向基核函数 σ 值为 0.1，遗忘速率为 0.999，模型中最大数据样本量为 200。

表 6.3-1 是 Online-SVR-FID 与各基准方法性能的对比。实验中使用的计算机参数为 Inter Core i5 @ 2.5GHz CPU 和 4G RAM。

表 6.3-1 Online-SVR-FID 与各基准方法性能对比

方法	Online-SVR-FID	增量学习方法	NORMA	SOGP	KRLS
MSE	0.0011	0.0013	1.7091	0.0019	0.0044
MRE	0.0561	0.0548	2.9965	0.0763	0.0779
NMSE	0.0056	0.0069	8.854	0.0098	0.0228
在线学习时间/s	9.2067	1354.6425	3191.8332	332.7395	9.5970
基模型维度	11	300	300	25	200
在线学习后模型维度	14	800	269	60	200

计算时间是衡量模型在线学习效率的重要指标。由于训练策略和超参优化方法不同，线下训练时间差异较大，故本章不作比较。表 6.3-1 比较了各方法在线学习所用时间。从表中可以看出，Online-SVR-FID 用时最短，而其模型维度（估计函数中特征向量数量）也是最低的。这再次说明模型维度与模型计算效率存在正相关性。在 Online-SVR-FID 中，只有当检测到新的退化模式或现有退化模式发生改变时，才自适应地对模型进行更新；只有新的退化模式产生时，才增加模型的维度。在当前退化模式发生改变时，Online-SVR-FID 采用的更新策略是使用新数据样本替换当前模型中的一个样本，这样就保证模型的维度不会增加，进而保证了模型的计算效率。NORMA 方法与滑动时间窗口方法类似，只使用最新的数据训练模型。SOGP 将所有数据用来更新模型，然后通过随机从模型中去除一些能够被其他样本线性表示的样本，使模型具有一定的稀疏性。尽管 KRLS-T 模型在在线学习前后维度相同，但

是受其预算（最大模型维度）的限制，其维度远远大于 Online-SVR-FID。但 KRLS-T 在线学习时间仅长于 Online-SVR-FID，这说明该模型的运算效率非常高，而 Online-SVR-FID 中使用的增量和减量学习是一个迭代的过程，计算效率较低。

各基准模型的一个优势在于模型维度是有上限的。但是在假设数据无限多的情况下，Online-SVR-FID 模型的维度是会不断增长的。但下面的定理说明了模型的维度是有限的。

定理 1 记 $k: X \times X \rightarrow R$ 是一个连续 Mercer 核函数，其中 X 为 Branch 空间下的一个紧凑子集。那么，对于任意数据集 $\varGamma = \{(x_i, y_i)\}(i=1,2,\cdots,T)$ 和参数 $\rho > 0$，即使数据量无限增长，Online-SVR-FID 中特征向量的数量也是有限的。

表 6.3-1 也表明，除了 KRLS-T 的预测准确度较 Online-SVR-FID 稍差外，其他基准方法的准确度都远低于 Online-SVR-FID。NORMA 方法的预测准确度在本案例中是最差的，这是因为 NORMA 方法中更新 SVR 模型拉格朗日算子的策略破坏了 Kuhn-Tucker 条件，而该条件是保证 SVR 模型结构和参数最优的充分必要条件，而且新的数据样本的拉格朗日算子的数值为学习率，但是由于学习率值远远小于模型中 C 值，进而造成新数据样本在模型中重要度较低，而模型便不能很好地反映新数据样本所包含的退化模式。

6.4 小 结

本章介绍了一个基于 SVR 模型的自适应在线故障预测模型，即 Online-SVR-FID。通过实际案例，与其他基准方法在性能（准确度和计算效率）上的比较，Online-SVR-FID 能够较其他基准方法在更短的时间内完成在线预测过程，并获得较高的准确度。成功的关键在于：①特征选择方法可以大幅度降低训练数据数量，并保证最大限度地保留原始训练数据的信息；②通过区分新的退化模式和变化的退化模式两种模式漂移类型，Online-SVR-FID 可以高效地针对不同的退化模式漂移类型采取相应的自适应模型更新策略。

参考文献

[1] LIU J, ZIO E. An adaptive online learning approach for Support Vector Regression: Online-SVR-FID [J]. Mechanical Systems & Signal Processing, 2016, 76-77: 796-809.

[2] CHAPELLE O. Training a Support Vector Machine in the Primal [J]. Neural Computation, 2007, 19 (5): 1155.

[3] CHEN S, CHNG E S, ALKADHIMI K. Orthogonal least squares learning algorithm for radial basis function networks [J]. IEEE Trans Neural Netw, 1991, 64 (5): 829-837.

[4] BAENA-GARC M, CAMPO-ÁVILA J D, FIDALGO R, et al. Early Drift Detection Method [J]. International Workshop on Knowledge Discovery from Data Streams, 2006.

[5] BALABIN R M, SAFIEVA R Z, LOMAKINA E I. Gasoline classification using near infrared (NIR) spectroscopy data: Comparison of multivariate techniques [J]. Analytica Chimica Acta, 2010, 671 (1-2): 27-35.

[6] KARASUYAMA M, TAKEUCHI I. Multiple Incremental Decremental Learning of Support Vector Machines [J]. Neural Networks IEEE Transactions on, 2010, 21 (7): 1048-1059.

[7] CAMARGO L D S, YONEYAMA T. Specification of training sets and the number of hidden neurons for multilayer perceptrons [J]. Neural Computation, 2001, 13 (12): 2673-2680.

[8] BOSER B. A training algorithm for optimal margin classifiers [C]. 5th Annu. Wkshp. Comput. Learning Theory, ACM, Pittsburgh, 1992.

[9] VAPNIK V N. Statistical learning theory: Vol. 2 [M]. New York: Wiley, 1998.

[10] 舒梅, 张景玉, 廖隆源. 核电站主泵质量保证及核安全文化 [J]. 东方电机, 2006, 34 (2): 6.

[11] CORTES C. Support-Vector Networks [J]. Machine Learning, 1995: 273-297.

[12] POZDNOUKHOV A, KANEVSKI M. Monitoring network optimisation using support vector machines [J]. Geostatistics for Environmental Applications, 2005, 23: 39-50.

[13] RANGWALA H, KARYPIS G. Profile-based direct kernels for remote homology detection and fold recognition [J]. Bioinformatics, 2005, 21 (23): 4239-4247.

[14] TAO D, TANG X, LI X, et al. Asymmetric bagging and random subspace for support vector machines-based relevance feedback in image retrieval [J]. IEEE Transactions on Pattern Analysis and Machine Intelligence, 2006, 28 (7): 1088-1099.

[15] BAUDAT G, ANOUAR F. Feature vector selection and projection using kernels [J]. Neurocomputing, 2003, 55 (1-2): 21-38.

[16] CAUWENBERGHS G, POGGIO T. Incremental and Decremental Support Vector Machine Learning [J]. Advances in neural information processing systems, 2001, 13 (5): 409-412.

[17] KIVINEN J, SMOLA A J, WILLIAMSON R C. Learning with Kernels [J]. IEEE Transactions on Signal Processing, 2004, 52 (8): 2165-2176.

[18] CSATÓ L, OPPER M. Sparse On-line Gaussian Processes [J]. Neural Computation, 2002: 641-668.

[19] LAZARO-GREDILLA M, VAERENBERGH S V, SANTAMARIA I. A Bayesian approach to tracking with kernel recursive least-squares [C]. IEEE International Workshop on Machine Learning for Signal Processing, Beijing, 2011.

[20] JIE L, SERAOUI R, VITELLI V, et al. Nuclear power plant components condition monitoring by probabilistic support vector machine [J]. Annals of Nuclear Energy, 2013, 56 (6): 23-33.

[21] ALIPPI C, BORACCHI G, ROVERI M. A hierarchical, nonparametric, sequential change-detection test [C]. International Joint Conference on Neural Networks, San Jose, 2011.

第 7 章

自适应集成模型在核电站中的应用

由于单一故障预测模型性能具有局限性，因此建立基于多个故障预测模型的集成模型变得非常重要。本章将介绍自适应集成模型及其在核电站中的应用。

本章的主要内容包括 3 个部分：

（1）在异质、大量训练数据和没有退化模式漂移存在的情况下，如何根据测试样本动态确定子模型权重，进而达到提高集成模型预测准确度的目的？[1-3]

（2）在异质、大量且存在退化模式漂移的数据下，如何自适应地建立集成模型并更新其结构和参数？[4]

（3）针对物理模型泛化能力弱的特点，如何通过有效结合多个物理模型，进而提高模型的通用性？[5]

7.1 基于 SVR 的动态权重集成模型

针对无退化模式漂移且数据量较大的情况，使用单一 SVR 模型往往计算量较大，因为 SVR 模型的计算量随着数据量的增大呈指数级增长。这时，使用集成模型往往是一个更好的选择。集成模型通过将训练数据集拆分成较小的多个子训练集，然后使用每个子训练集训练一个子模型。本章介绍训练基于 SVR 构建集成模型的不同策略，所提出的集成模型的主要创新点在于针对每个数据样本输入向量的自适应地计算子模型权重方法。不同于现有的根据预测准确度确定子模型权重的计算方法，该方法在未知真实输出值的情况下就可以计算各子模型权重。

7.1.1 研究背景

尽管数据驱动算法已经在很多方面取得了不错的成果，但是单一数据驱动模型仍然有很多局限性：

（1）单一数据驱动模型预测能力有限，在一些情况下，不能很好地估计不同变量间的真实关系；

（2）使用单一数据驱动模型容易造成在现有数据上的过拟合，进而降低模型的泛化能力；

（3）数据驱动模型的很多优化算法也使优化模型容易落入局部最优。

针对上面的局限性，建立由多个数据驱动模型组成的集成模型是一个很好的解决办法。组成集成模型的各个模型称为子模型。在现有研究成果中，已经提出了一些建立子模型的方法，比如贝叶斯平均法；但是最近比较流行的方法包括引导聚合算法、自适应增强算法、增强学习法等[6]。现有研究成果也提出了很多有效融合子模型结果的方法，如多数法则法、加权平均法、博尔计数法、贝叶斯方法和概率方法等[7]。

集成方法已经较广泛地用于现代工程系统设计、生物信息学中调节基序的发现、交通事故检测、核电站事故确认等[8-9]。本章的案例研究是关于核电站主泵第一密封圈短期泄漏量的预测。

本章将关注于如何有效地融合各子模型的预测结果。各子模型训练方法是概率支持向量回归机（probabilistic support vector regression，PSVR）。PSVR是 SVR 基于贝叶斯推理的扩展。PSVR 通过贝叶斯推理方法计算模型的最大后验条件概率，进而得到模型未知参数的值[10]。其与 SVR 的最大区别在于，PSVR 可以估计预测结果的不确定性分布，在给出预测值的基础上，估计出不确定区间。

现有研究所提出的集成模型都是通过在训练阶段确定子模型的最优权重。而这些权重在测试阶段是保持不变的。但是，现实的情况是一个子模型一般只针对一部分测试数据具有较好的预测结果，不能保证其在所有测试数据上都具有较好的准确度。那么，这就需要根据测试数据样本动态地判断表现较好的模型，并给予相应子模型更高的权重。本章将介绍多个动态计算子模型权重的方法。另外，由于 PSVR 的输出结果不仅包括单一的预测值，还包括预测结果不确定性估计，因此在本章所介绍的集成模型的数据结果也包括对预测结果不确定性的计算。

7.1.2　研究方法

相较于单一数据驱动模型，集成模型的优势在于综合利用各子模型的优点，并规避各子模型的缺陷，达到最大化预测能力的目的。针对大量数据，单一数据驱动模型往往无法提取数据中全部有效信息，只能得到全局最优的结果。针对特定数据样本，全局最优结果不一定是最优的。这时就需要结合不同的 PSVR 模型，使集成模型在各数据样本的准确度最高。

7.1.2.1 概率支持向量回归机

近期的研究表明，支持向量回归（SVR）的最优解能够通过求解一个特定的贝叶斯推断问题来获得，这个问题本质是基于高斯先验分布和一个合适的似然函数，并使用最大后验概率（MAP）方法，也就是在贝叶斯框架下，利用 MAP 原则来确定 SVR 模型参数的最优值。使用 MAP 进行 SVR 拟合函数估计的方法称为概率支持向量回归机（PSVR）[11]。与 SVR 相比，PSVR 可以同时给出预测结果的不确定度。

假设输入数据是从高维实数域 R^p 中独立产生的一组向量 $X = \{x_1, x_2, \cdots, x_N\}$，并且每一个输入向量对应着一个实数的目标值，这些目标值组成了输出数据 $Y = \{y_1, y_2, \cdots, y_N\}$。

在回归方法中，最终的目的是找到描述输入向量与输出值之间关系的隐含函数 $f(x): R^p \to R$。下面我们简单介绍文献 [11] 中 PSVR 方法估计隐含函数 $f(x)$ 的过程。更详细的内容可以参考相关文献。

为了介绍 PSVR 方法，我们做出如下假设：

(1) 训练数据 $\Gamma = \{X, Y\}$ 来自一个相同的分布，而且训练样本之间是相互独立的。

(2) 先验概率分布服从 $P[f(X)] \propto \exp\left(-\frac{1}{2} \|\hat{P}f\|^2\right)$。其中，$\|\hat{P}f\|^2$ 是一个半正算子，$f(X) = (f(x_1), f(x_2), \cdots, f(x_N))^T$。

(3) 模型中使用的是 ε-非敏感损失函数。

(4) 针对输入数据中的两个输入向量 x_i，x_j，其相关函数可以表示为 $K(x_i, x_j) = \exp\left(-\frac{|x_i - x_j|^2}{2\gamma^2}\right)$。

那么，$f(X)$ 的后验概率可以表示为

$$P[f(X) | \Gamma] = \frac{[G(C, \varepsilon)]^N}{\sqrt{\det 2\pi K_{X,X}} P[\Gamma]} \exp\left\{-C \sum_{x_i \in X} L_\varepsilon(y_i - f(x_i)) - \frac{1}{2} f(X)^T K_{X,X}^{-1} f(X)\right\}$$

(7.1-1)

式中：$G(C, \varepsilon) = \frac{1}{2} \frac{C}{C\varepsilon + 1}$；$K_{X,X} = [K(x_i, x_j)]$ 为输入数据的相关性矩阵，$L_\varepsilon(x)$ 为 ε-非敏感损失函数。

式 (7.1-1) 的最大值就是我们所说的最大后验概率（MAP）。这与下面公式的最小值是等价的。

$$R_{\text{GSVM}}(a) = C \sum_{x_i \in X} L_\varepsilon(y_i - a(\boldsymbol{x}_i)) + \frac{1}{2}\boldsymbol{a}(X)^{\text{T}} \boldsymbol{K}_{X,X}^{-1} \boldsymbol{a}(X) \quad (7.1\text{-}2)$$

从式（7.1-2）可以看出，PSVR 的风险表达式就是标准 SVR 中的结构风险。根据文献[11]，式（7.1-2）最小值的解也可以写成传统的 SVR 解的形式。

使用贝叶斯方法处理预测问题时，对预测值分布的需求使计算预测结果不确定度非常重要。PSVR 中的不确定度主要有两个来源：一个来源于后验概率的不确定度（也就是拟合函数 $f(\boldsymbol{x})$ 的不确定度），另一个来源是数据本身的噪声。假设 $\boldsymbol{x}$ 是一个测试样本的输入向量，而其对应的目标值 y 为拟合函数 $f(\boldsymbol{x})$ 的预测值叠加一个均值为 0 的高斯分布的噪声 δ。那么，似然概率为

$$P[\boldsymbol{\Gamma}|f(X)] \propto \exp\left[-C \sum_{i=1}^{N} l(\delta_i)\right] \quad (7.1\text{-}3)$$

我们也可以通过式（7.1-2）和式（7.1-3）分别计算噪声 δ 的概率密度及方差。

$$P[\delta] = \frac{C}{2(C\varepsilon+1)} \exp[-Cl_\varepsilon(\delta)] \quad (7.1\text{-}4)$$

$$\sigma_\delta^2 = \frac{2}{C^2} + \frac{\varepsilon^2(C\varepsilon+3)}{3(C\varepsilon+1)} \quad (7.1\text{-}5)$$

给定训练数据集 $\boldsymbol{\Gamma}$ 下，$f(\boldsymbol{x})$ 的条件概率分布可以表示为

$$P[f(\boldsymbol{x})|\boldsymbol{\Gamma}] = \frac{1}{\sqrt{2\pi}\sigma_t} \exp\left\{-\frac{[f(\boldsymbol{x})-f^*(\boldsymbol{x})]^2}{2\sigma_t^2}\right\} \quad (7.1\text{-}6)$$

假设 X_M 为所有支持向量的集合，那么式（7.1-6）中 $\sigma_t^2(\boldsymbol{x})$ 可以表示为

$$\sigma_t^2(\boldsymbol{x}) = K(\boldsymbol{x},\boldsymbol{x}) - \boldsymbol{K}_{X_M,x}^{\text{T}} \boldsymbol{K}_{X_M,X_M}^{-1} \boldsymbol{K}_{X_M,x}$$

那么，针对输入向量 $\boldsymbol{x}$，PSVR 方法的预测结果的不确定性可以表示为

$$\sigma^2(\boldsymbol{x}) = \sigma_\delta^2 + \sigma_t^2(\boldsymbol{x}) = \frac{2}{C^2} + \frac{\varepsilon^2(C\varepsilon+3)}{3(C\varepsilon+1)} + K(\boldsymbol{x},\boldsymbol{x}) - \boldsymbol{K}_{X_M,x}^{\text{T}} \boldsymbol{K}_{X_M,X_M}^{-1} \boldsymbol{K}_{X_M,x} \quad (7.1\text{-}7)$$

可以看出，模型输出的不确定性主要是由函数的不确定性和数据内在噪声产生的。

7.1.2.2　动态权重集成模型介绍

集成模型通过训练具有差异性的子模型，并通过合理的策略有效融合各子模型结果，以产生比单一预测模型更好的结果。现有文献已经证实，相较于单一模型，集成模型性能更具有优越性[12]。集成模型尝试利用各子模型的优势并将其结果整合。图 7.1-1 是一个典型的动态权重集成模型结构示意图。在融合生成集成模型结果的过程中，每一个子模型都有一个固定的权重，权

重越高代表相应的子模型的性能越好。但是，在很多情况下，每个子模型都只对一部分数据样本具有较好的预测结果。

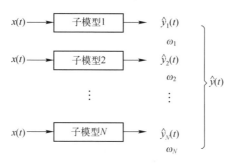

图 7.1-1　集成模型典型结构

图 7.1-2 表示本章所介绍的动态权重集成模型的结构。与图 7.1-1 所示的传统集成模型的主要区别表现在两个方面：一方面是通过使用 PSVR 建立子模型，动态权重集成模型可以给出预测结果的不确定性；另一方面是动态权重集成模型中子模型的权重是时间的函数，也就是说子模型的权重与输入向量有关。而在传统集成模型中，各子模型的权重是固定不变的，往往是在模型训练的过程中确定的。

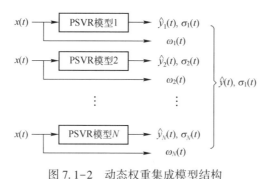

图 7.1-2　动态权重集成模型结构

为了建立一个性能较好的集成模型，我们需要解决三个问题：如何将原始训练数据集分成不同的子数据集并训练具有差异性的子模型；计算每个子模型的权重并提高集合模型准确度的方法；如何有效结合不同子模型的结果形成集成模型最终的预测结果。

7.1.2.3　子模型训练

在收集到多个退化过程的时间序列数据的情况下，第一个也是最直接的训练子模型策略就是使用每个退化时间序列训练子模型。每个子模型代表了特定退化过程的故障特征。如图 7.1-3 所示，其中共有 5 组时间序列数据，在训练集成模型时,可以分别使用每个时间序列训练子模型。

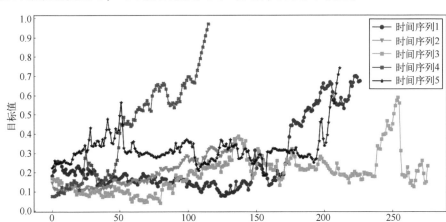

图 7.1-3 第一种子模型训练策略

第二个策略是根据输出值的范围将训练数据集分成多个子集。首先要确定输出值的范围,然后将该范围划分为多个等宽度的区间,最后将输出数据在同一区间的数据样本划分到同一个训练集并训练子模型。该方法针对没有突变的时间序列较为有效,也就是要求输入向量的值与所对应的输出变量值的差别不能太大。这样训练的子模型刻画了整个退化过程的不同阶段。如图 7.1-4 所示,其中共有五个时间序列数据。经观察,五组时间序列数据的目标值均处于[0,1],此时可以将目标值值域以 0.1 的间隔分成 10 等分,然后利用每个间隔内的数据训练子模型。

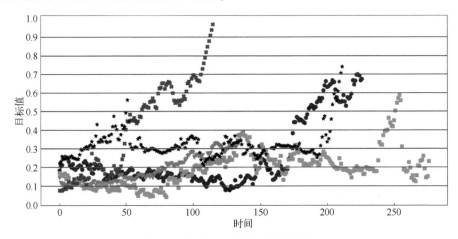

图 7.1-4 第二种子模型训练策略

第三个策略是专门针对以径向基函数为核函数的 SVR。径向基函数所对应的函数将每个原始输入向量映射到高维 RKHS 中,而且每个映射的向量都是单位向量,那么不同输入向量之间在 RKHS 中的区别只是夹角的不同。这时可以在 RKHS 中针对输入向量使用角度聚类方法,将其分成预先设定好的聚类个数;然后使用每个聚类内的数据样本训练一个子模型;最后组成集合模型。图 7.1-5 所示为在 RKHS 中角度聚类算法的伪代码。

针对训练集 $T=\{(x_i, y_i)\}$ $(i=1,2,\cdots,T)$,选择聚类数量 c
随机从训练集中选择数据样本对聚类中心初始化 $(v_1, v_2, \cdots, v_c)$
重复:for $l=1, 2, \cdots$
    计算角度:
$$D_{ik} = \arccos\left[k\left(x_k, v_i^{(l)}\right)\right] \quad (1 \leq i \leq c)$$
$1 \leq k \leq T$。$k(\cdot, \cdot)$ 为径向基核函数。
将数据样本放入与其最近的聚类中心所对应的类内。假设 $\{(x_i, y_i)\}$ $(i=1,2,\cdots,N_i)$ 是聚类 i 的数据样本。
计算聚类中心向量:
$$v_i^{(l+1)*} = \frac{\sum_{j}^{N_i} x_j}{N_i}$$
选择与聚类中心向量最近的数据样本作为该聚类新的中心向量:
$$D_{ik}^* = \arccos\left[k\left(x_k, v_i^{(l+1)*}\right)\right] \quad (1 \leq k \leq N_i)$$
其中
$$v_i^{(l+1)} = \arg\min_i(D_{ik}^*)$$
直至:$|D^{(l+1)} - D^{(l)}| \leq \tau$,$\tau$ 是一个小正数,并且 $D^{(l)} = \sum_{i=1}^{c}\sum_{k=1}^{T} D_{ik}$

图 7.1-5 角度聚类算法的伪代码

为了降低在样本量大时训练 SVR 模型的计算复杂度,FVS 方法被用于从整个训练集中选择部分样本作为特征向量训练 SVR 模型。

7.1.2.4 子模型结果融合方法

集成模型通过结合多个不同子模型的故障预测结果来获得高于单一子模型的准确度。在集成模型中,将不同子模型的结果进行有效结合的方法中最常见的有两种:第一种是选择子模型中最好的预测结果作为集成模型的结果;第二种是通过加权求和的方式将不同子模型的预测结果进行结合。后一种方法更为常见,也得到了广大学者的认可。在这种方法中,最重要的问题是如何确定每个子模型的权重。

本章提出多个动态子模型权重计算方法。在现有文献中,子模型的权重通常是在集成模型训练的过程中,根据子模型在训练数据上的准确度确定的。训练过程中准确度越高的子模型,其权重也越大。只有在增加或减少集成模型中子模型时，才会对子模型的权重进行更新。本章所提出的动态子模型权重方法针对每个测试数据样本计算子模型的权重，也就是说针对不同的测试样本，同一个子模型的权重可能是不同的。采用针对训练样本的动态子模型权重计算方法的原因是针对某一数据样本可以给出较准确预测结果的子模型的权重不一定是最大的，进而导致集合模型的预测结果较差。在故障预测的过程中，每个子模型可能只针对某些数据样本具有较好的预测精度。因此，本章提出针对每个测试样本动态地计算各子模型权重。

本章中集成模型的预测结果是各子模型结果的加权平均值，其计算方法见式（7.1-8）。

$$\hat{y}(t) = \sum_{j=1}^{M} \omega_j(t) \hat{y}_j(t) \tag{7.1-8}$$

在此公式中，我们可以看到子模型的权重与时间 t 相关，对于时间序列退化数据来说，子模型权重是随数据样本变化的。

7.1.2.5 子模型权重计算方法

本章提出了两种子模型权重的动态计算方法。第一种是根据时间序列之间的模糊相似度[13]；第二种是根据测试样本在子模型所包含的特征向量集合上的局部适应度。这两种方法可以根据测试样本动态地计算子模型权重，该权重的计算不需要已知测试数据样本所对应的输出值。

1. 基于模糊相似度的子模型权重计算方法

假设第 i 个子模型的训练集包括 N_i 个数据样本，并且测试样本为 $(x(t), y(t))$。首先计算测试样本输入变量与第 i 个子模型中所有样本输入变量的最小欧氏距离，记作 $d_i(t_0)$。针对时间序列数据，该欧氏距离代表了测试时间序列与模型中的时间序列的相似度。其次通过式（7.1-9）和式（7.1-10）计算每个子模型的原始权重[13]。最后将集合模型中的子模型的原始权重进行归一化，如式（7.1-11）所示。

$$\mu = \exp\{-[-\ln(\alpha)/\beta^2] d_i(t_0)^2\} \tag{7.1-9}$$

$$w_i = \mu \exp\left(-\frac{1-\mu}{\beta}\right) \tag{7.1-10}$$

$$w_i = w_i / \sum_{j=1}^{M} w_j \tag{7.1-11}$$

式中：随机变量 α 和 β 的值决定了将相似度转化为模糊数列的映射关系；$-\ln(\alpha)/\beta^2$ 的值越大，模糊数列的取值范围越窄，也就是说，相似度所对应的原始权重的区分度越大。

2. 基于局部适应度的子模型权重计算方法

针对一个测试样本，首先计算第 i 个子模型的局部适应度，然后通过式（7.1-12）计算每个子模型针对此测试样本的权重。

$$\omega_i = \frac{1/(1 - J_{i,\text{new}} + \tau)}{\sum_{j=1}^{M} 1/(1 - J_{j,\text{new}} + \tau)} \quad (7.1\text{-}12)$$

式中：常数 τ 是一个很小的正数，以保证式（7.1-12）即使在 $J_{i,\text{new}} = 1$ 的情况下也适用。

需要注意的是，7.1.2.4 节中给出的子模型的权重是测试样本的函数，不同测试样本下子模型的权重不同。

7.1.3 实例分析

本章中的实例分析是针对核电站主泵第一密封圈泄漏量的短期预测。本节内容主要分为数据预处理、模型训练和结果分析三部分。

7.1.3.1 数据预处理

在核电站中收集到的原始数据为时间序列数据，现共有 10 个核电站中 20 个时间序列数据，记为时间序列 1，时间序列 2，…，时间序列 20。这些数据的测量时间间隔为 4h，即每 4h 收集一次核电站主泵泄漏量的数据。表 7.1-1 展示了本节所使用时间序列数据的特征。从表中可以看到不同时间序列所包含的数据量不同，最小为 385，最大为 3124。

表 7.1-1 本节所使用时间序列数据的特征

时间序列序号	原始数据大小	最相关历史数据数量 H	重构数据样本大小
1	2277	7	2265
2	385	3	373
3	385	3	373
4	2027	14	2015
5	2027	8	2015
6	2027	8	2015
7	1391	13	1379
8	1391	4	1379
9	1391	4	1379
10	1391	4	1379
11	3124	12	3112
12	562	7	550
13	562	9	550

续表

时间序列序号	原始数据大小	最相关历史数据数量 H	重构数据样本大小
14	562	9	550
15	964	2	952
16	2767	8	2755
17	2767	7	2755
18	1061	7	1049
19	1061	12	1049
20	861	9	849

如图 7.1-6 所示，原始的时间序列数据都不同程度地包含有噪声、异常值和缺失值。那么，在预处理阶段就必须降低噪声、去除异常值并填补缺失值。

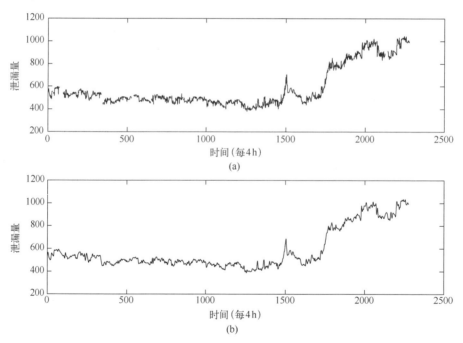

图 7.1-6 预处理前后时间序列 1 的对比
(a) 预处理前的时间序列；(b) 预处理后的时间序列 1。

由于异常值会影响本方法后续的建模过程，因此，首先需要将异常值从时间序列数据中去除。本节是通过设定数据值的上下限来实现的。通过将数据局部取值范围设定为 $\bar{x} \pm 3\sigma_x$（其中，$\bar{x}$ 为局部数据的均值，σ_x 为局部数据的标准差),进而将处在该范围外的数据样本判定为异常值,并去除。

为了填补时间序列原始数据中的缺失值,以及由于去除异常值造成的缺失值,本章通过局部多项式回归拟合(local polynomial regression fitting)方法进行填补[14]。该方法不仅可以较好地估计缺失值的大小,也可以在一定程度上平滑时间序列曲线,达到降低噪声的目的。

假设t_0为某个缺失值所对应的时刻,局部多项式回归拟合方法的步骤为如下:

(1) 首先找到t_0时刻的k个最近邻时刻,而每个最近邻时刻都有相应的监测值$N(t_0)$,即在时间序列数据上找到t_0时刻最近的k个时刻所对应的监测值。数值k是根据预先设定的选择数据的百分比(也称跨度)决定的。需要注意的是,跨度可以针对不同的时间序列选择不同的值。在本案例中,根据预先试验的结果选择了三个跨度数值,即0.5%(高)、0.2%(中)和0.08%(低)。对于每个时间序列数据,最合适的跨度是根据噪声水平决定的。

(2) 对于k个最近邻监测时刻,计算$D(t_0) = \max d(t, t_0)$,其中d是t和t_0两个时刻的欧氏距离。

(3) 针对每一个最近邻监测数据,根据三次方权重方程计算其权重$W(t) = \left(1 - \left|\frac{t-t_0}{D(t_0)}\right|^3\right)^3$。

(4) 计算k个最近邻时刻所对应泄漏量的加权求和结果,并将其作为t_0时刻缺失的监测值。

需要指出的是,如果将该方法用于每一时刻(无论是否存在缺失值),那么既可以填补缺失值,也可以降低时间序列数据中的噪声。

7.1.3.2 模型训练

由于本案例中只有收集到的不同核电站中不同主泵泄漏量的时间序列数据,要实现对一天后泄漏量的预测,只能使用历史泄漏量数据作为输入,也就是说,需要对当前的时间序列数据进行重构。

假设$a(t)$代表某一时间序列数据,该时间序列数据的监测间隔为4h,因此为了预测一天以后泄漏量,重构数据的输出$y(t)$就等于$a(t+6)$。下面就是确定与输出最相关的历史数据的数量H,进而确定输入变量$\boldsymbol{x}(t) = (a(t-H+1), a(t-H+2), \cdots, a(t))$。偏相关分析方法被用来确定最优的$H$值。图7.1-7展示了时间序列1的偏相关分析结果。从图中可以看出,不同时刻的历史监测值与输出之间的相关性不同。根据该图可以确定时间序列1中与输出最相关的历史监测值为当前时刻的前7个值,即$H=7$。

表7.1-1第三列列出了所有的时间序列数据经偏相关分析后确定的最优

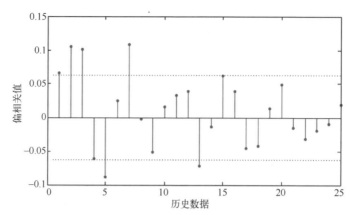

图 7.1-7　时间序列 1 的偏相关分析结果（图中虚线为 95% 置信度下的偏相关值）

H 值。可以发现，不同的时间序列数据的最优 H 值是不同的。但是为了建立集成模型，其输入变量的维度必须是一致的。为此，我们对径向基核函数进行了改进，在其中加入了输入变量权重 C_a。每一个输入变量的权重是由其与输出的偏相关数值决定的。这样在集成模型中，对于所有时间序列，H 值取所有时间序列的最大值，即 14。对于少于 14 的时间序列，如时间序列 1，将其前 7 个输入变量的权重设置为偏相关值，而后 7 个输入变量的权重设为零。这样就很好地解决了不同时间序列最优偏相关历史数据数量不一致的问题。

最终，原时间序列 $a(t)$ 的重构数据为输入 $x(t)=(a(t-13),a(t-12),\cdots,a(t))$ 和输出 $y(t)=a(t+6)$。

7.1.3.3　结果分析

本章中的应用实例针对所有历史退化时间序列展开，以检验所提出的集合模型的有效性。利用 7.1.2.3 节中三个不同的策略建立结合模型，记作集合 1、集合 2 和集合 3。集合 1 和集合 2 是分别根据 7.1.2.5 节中的第一个和第二个策略训练的。集合 1 和集合 2 中的子模型权重是根据 7.1.2.5 节中的模糊相似分析方法计算的。集合 3 是根据 7.1.2.3 节中的第三个策略训练的，其子模型的权重是根据 7.1.2.5 节中局部适应度计算的。作为对比方法，单一 SVR 方法和固定权重集合模型也被应用于本实例中。

在实验的过程中，针对 20 个时间序列，随机选取一个时间序列的重构数据作为测试集，其他 19 个时间序列的重构数据作为集成模型的训练集。该实验重复 20 次，直至每个时间序列数据都作为测试集，并验证模型的性能指标。

图 7.1-8 展示了针对 20 个退化时间序列预测结果均方值的箱型图。y 轴为某个模型在所有时间序列数据上的平均相对误差（MRE）。我们可以清晰地

观察到所提出的动态权重集成模型的结果要优于单一 SVR 模型和固定权重的集成模型。单一 SVR 模型的训练集是当前时间序列数据的历史数据。固定权重的集成模型同样以其他 19 个时间序列数据为训练集，每个时间序列数据训练一个子模型。但各子模型的权重是在训练阶段以最小化预测误差为优化目标，而且在预测阶段，子模型权重不再自适应地改变，而是固定的。

同时，本章提出的三种不同的建立集成模型的方法在本案例上的性能也是不同的。由于子模型的训练集只是所选取的特征向量，因此造成了原始训练集中有用的信息丢失，集合 3 是所提出的 3 种动态权重集成模型中性能最差的。集合 2 的结果要比集合 1 差，这主要是由集合 2 中某些子模型的训练数据样本过少造成的。

图 7.1-8 也说明了集成模型在不同时间序列数据上的预测结果方差较少，即具有较高的自适应性和鲁棒性。

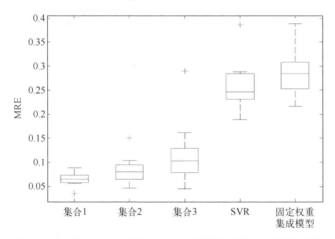

图 7.1-8　针对 20 个退化时间序列预测结果均方值的箱形图

集成模型由于以动态权重的方式集成了多个子模型的结果，其对噪声的敏感度相对较低。单一 SVR 模型由于训练数据的限制，其预测能力有限，不能对所有数据都具有较高的预测准确度。

图 7.1-9 和图 7.1-10 分别展示了集合 1 与 SVR 模型在时间序列 18 上的预测结果。假设 $\hat{y}$ 为模型的预测值，则 $[\hat{y}-1.97\sigma, \hat{y}+1.97\sigma]$ 就是图中 95% 置信度下的预测区间。从结果可以看出集成模型与 SVR 模型在泄漏量较低时的预测准确度相似。但在泄漏量值超过 0.2 后，集成模型的预测准确度要远远高于 SVR 模型。这是因为集成模型以其他 19 个时间序列数据为训练集，而 SVR 模型只以时间序列 18 的历史监测数据为训练集。因此，只有集成模型可以对整个退化过程有较准确度的预测。

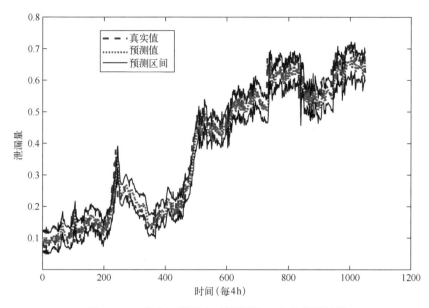

图 7.1-9　集合 1 模型在时间序列 18 上的预测结果

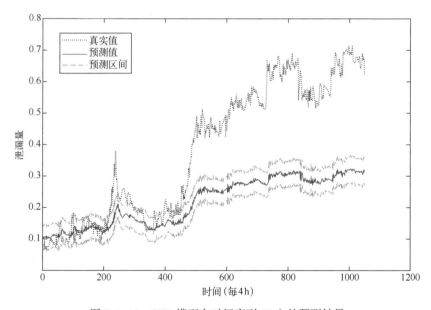

图 7.1-10　SVR 模型在时间序列 18 上的预测结果

7.2 基于 SVR 的在线学习集成模型

退化模式漂移是数据驱动模型进行故障预测时经常要面对的问题。在第 6 章中介绍了一种结合特征选择方法（FVS）和支持向量回归机（SVR）的在线学习方法，实现了根据数据流自适应更新单一 SVR 模型的目的。但是，该方法只能处理新的退化模式和改变的退化模式两种退化模式漂移类型，而无法处理复现的退化模式。复现的退化模式是指一种退化模式在数据流中重复出现。因此，本章将介绍一种基于 SVR 的在线学习集成模型。该模型不仅可以处理新的退化模式和改变的退化模式，也可以处理复现的退化模式。该模型可以从单一 SVR 故障预测模型逐步建立新的子模型，构成集成模型。同时，在某一时刻，集成模型内只有部分最相关的子模型用于故障预测，从而降低了不相关子模型对预测结果的影响。

7.2.1 研究背景

故障预测是提高设备可靠性与安全性的重要手段。建立高效、准确的故障预测模型是数据驱动故障预测的重要目标。最近，关于核电站元器件重要参数预测的研究成果都是基于静态环境的假设。静态环境是指监测数据服从一个已知或未知的固定参数的分布。但是在现实应用中，由于设备处于不确定的操作环境和时变负载下，其数据所包含的退化模式往往会发生漂移，即数据服从的分布是时变的。在这种情况下，针对固定分布数据的故障预测模型将不能给出较为准确的预测结果。

退化模式漂移根据发生时间的快慢可以分为突变、渐变和复现。而处理退化模式漂移的故障预测模型可以分为单一自适应故障预测模型和自适应集成模型。前一种方法是根据数据流不断地学习新的退化模式，并将过去的退化模式从模型中去除，以增加模型的计算效率。但是，该种方法在数据量非常大的情况下，仍然有计算复杂度高的缺点。后一种方法通过不断地更新集成模型的子模型和参数达到自适应学习的目的。本章所介绍的方法属于后一种。

根据自适应更新策略，在线学习集成模型可以分为基于数据块的方法、基于漂移检测器的方法、基于单一数据样本的方法等。目前，已经针对自适应集成模型开展了一定的研究并取得了不错的成果。

基于准确度的加权集成方法（accuracy weighted ensemble，AWE）在每个新收集的数据块上训练一个新的分类器，并根据子模型在过去和现在的数据块上的准确度来更新各子模型在集成模型中的权重[15]。流集成算法（streaming ensemble algorithm）在时间序列数据块上构建不同的子模型，然后使用启发式替换策略将其组合成固定大小的集成模型[16]。Muhlbaier 等也提出了 Learning++.NSE 方法。该方法通过判断预测误差是否超过预先设定的阈值，决定是否使用新收集的数据块训练一个新的子模型[17]，然后通过修改各子模型的权重将其与现有的子模型结合。子模型的权重是根据其在不同数据块上性能的加权求和计算的。以上所提到的所有方法都是在新的数据块上训练新的子模型，这些基于数据块的方法的缺点是很难确定数据块的大小。较大的数据块可以训练性能更稳定的子模型，但是在一个子模型中可能包含不同的退化模式。另外，较小的数据块可以更好地区分不同的退化模式，但导致子模型准确度下降。基于数据块的方法的另一个缺点是：只有收集到包含一定数量数据的数据块后才更新集成模型，从而使这些方法不能在退化模式漂移之初就做出反应。因此，这些方法相对于退化模式漂移存在一定的延迟。

为了克服这些困难，很多文献中提出了其他在线学习的集成模型，比如将模式漂移检测器与在线学习集成方法相结合以确定训练新的子模型的时机，或者用单个数据样本更新集成模型。自适应分类器集成模型（adaptive classifier ensemble，ACE）在子模型对新数据的误差达到特定阈值时建立新的子模型[18]。文献［19］通过计算集成模型中的子模型预测结果的加权平均值来检测退化模式漂移。文献［20］使用多样性分析来划分不同的退化模式漂移类型。最流行的退化模式漂移检测器算法是漂移检测方法（drift detection method，DDM）。它根据二项分布对集成模型在每个数据样本上的预测误差进行建模[21]。EDDM 是改进版 DDM，它虽然可以给出更准确的预测结果，但也对噪声更敏感，受噪声的影响也更严重。Minku 等也提出了一种在线学习集成模型的新方法，称为基于差异性的退化模式漂移处理（diversity for dealing with drift，DDD）方法，它设法保持具有不同差异性水平的集成模型[22]。实验结果表明 DDD 方法给出了更加稳健和准确的结果。

尽管基于漂移检测器的方法可以避免事先确定数据块大小的困难，但是与基于单个数据样本的方法相比，它们在退化模式发生漂移时仍然不能及时地更新集成模型，即在检测到退化模式漂移之前需要足够多的新数据样本。为此，Zliobaite 等提出了一个针对带有模式漂移的数据流的主动学习框架。该方法基于不确定性，随着动态分配的标签和搜索空间的随机化，分别开发了三种主动学习策略[23]。文献［24］提出 AddExp 方法，该方法根据各子模型的预测误差自适应地调整其在集成模型中的权重。增量式局部学习软测量算法（incremental local learning soft sensing algorithm，ILLSA）也是一个基于单个数据样本的在线学习集成模型[25]。它主要包含两部分：一是基于不同退化模式下的数据样本训练不同子模型；二是根据贝叶斯框架给出的后验概率确定针对每个子模型的权重。在线加权集成模型（online weighted ensemble，OWE）是另一种基于单一数据样本的在线学习方法[26]。该方法在存在不同退化模式漂移类型情况下以递增的方式学习新的数据样本，并保留过往退化模式的信息。一旦过往退化模式再次出现，该方法可以有效地学习漂移的退化模式。但是，该方法的一个主要缺点是根据每个新的数据样本更新集合模型的计算负担非常重。文献［27］中的动态加权集成模型（dynamically weighted ensembles）只将最相关的特征变量存储到学习的模型中，这种方法不仅提高了计算效率，也降低了方法对存储的需求。

需要注意的是在线学习集成模型必须尽可能地提高在不同退化模式漂移情况下自适应更新效率。本章将介绍一个快速、准确的在线学习故障预测集成模型，记为 OE-FV。该模型综合运用了 SVR 和特征向量选择法，即训练各子模型的机器学习方法为 SVR；特征向量选择方法（FVS）根据每个子模型数据样本的输入向量选择可以代表这些样本的特征向量，从而降低模型计算复杂度。第 6 章介绍了基于单一 SVR 模型的自适应更新策略，即 Online-SVR-FID。受单一模型预测能力的限制，该模型可以很好地处理新的退化模式和改变的退化模式，但不能很好地处理复现的退化模式。这是因为该模型只能较好地处理当前的退化模式，所以在退化模式复现时，需要重新进行自适应的学习，以降低计算效率。

本章所介绍的在线学习集成模型基于第 6 章的成果。在集成模型中，各子模型可以储存并处理不同时间段内数据流所包含的退化模式。同时，该方法可以从单一的故障预测模型 M_1 开始逐步建立集成模型。由于将数据流不同阶段的退化模式储存于不同的子模型内，因此可以根据当前退化模式选择合适的子模型进行故障预测。同时，在有新的退化模式出现时，通过建立新的子模型可以很好地在集成模型中保留当前的退化模式。

7.2.2 研究方法

第 6 章中所介绍的 Online-SVR-FID 模型的一个主要缺点是在更新模型过程中，过往的退化模式会从模型中删除。当删除的退化模式重复出现时，模型需要再次学习该退化模式，这就增加了模型在线预测的计算复杂度，并降低了其准确度。同时，在数据量比较大时，依靠单一 SVR 模型进行在线学习的过程耗时严重。针对这些状况，本章基于 FVS 方法介绍自适应学习的集成模型，即 OE-FV。该模型可以存储所有过往退化模式，并且是从单一 SVR 模型扩展而来的,每个子模型代表了研究对象在退化过程中的不同阶段。最重要的是,当有过往退化模式复现时,相关的子模型的权重会增加,这就使集成模型不用重新学习复现的退化模式就可以给出令人满意的结果。

7.2.2.1 OE-FV 方法介绍

图7.2-1 和图7.2-2 介绍了 OE-FV 在线学习过程。OE-FV 基于单一 SVR 模型 M_1,序贯地建立新的子模型,并最终组成集成模型。集成模型中的其他子模型都可以看作 M_1 在某一时刻的复制品。这些子模型代表了研究对象在整个退化过程中不同阶段的退化特征。在在线学习的过程中,除非模型 M_1 被更新,否则集成模型的子模型是不随着新的数据样本而改变的。

---

1. 使用训练集训练模型 M_1
2. 假设当前集成模型中有 n 个子模型($M_1, M_2, \cdots, M_n$)和一个新的数据样本:
   2.1 选择集成模型中部分子模型,对这些子模型的预测结果,根据加权平均方法计算新的数据样本的预测值,n 个模型的权重由其预测误差 Er 决定。
   2.2 如果新的数据样本代表一个新的 FV,将其添加至 M_1 并更新模型。
   2.3 否则
      2.3.1 **如果**新的数据样本代表一个改变的退化模式,找到当前模型中贡献最小的特征向量作为待替换的特征向量。
         2.3.1.1 **如果** M_1 中待替换的特征向量在集合模型中是唯一的,则先复制 M_1 并将其命名为一个子模型 M_{n+1}。然后再使用新的数据样本代替 M_1 中的待替换的特征向量;
         2.3.1.2 **如果** M_1 中被替代的特征向量在集成模型中不是唯一的,那么直接使用该数据样本代替 M_1 中待替换的特征向量。
   2.4 更新每个子模型的预测误差 **Er**

图 7.2-1 OE-FV 自适应更新过程伪代码

OE-FV 主要包括以下几部分。

(1) 训练集成模型中的第一个子模型。

训练集成模型中的第一个子模型 M_1 是使用现有训练数据训练的基模型。为了降低模型的复杂度和计算负担,原始训练数据并不是直接用于训练基模型的,而是通过 FVS 方法选取少量的数据样本作为特征向量,然后使用特征向量集训练基模型 M_1。在训练的过程中,为了提高模型的泛化能力,其目标是最小化在整个训练集上的预测误差。

(2) 计算集成模型的预测结果。

针对一个新的数据样本,为了给出合理的预测结果,OE-FV 采用动态集成模型选择方法(selective ensemble)。该方法针对每个新的数据样本,选择集成模型中与其相关的子模型,并利用选择的子模型计算预测结果。最后,通过加权平均的方法获得集成模型的预测结果。每个子模型的权重是由其在

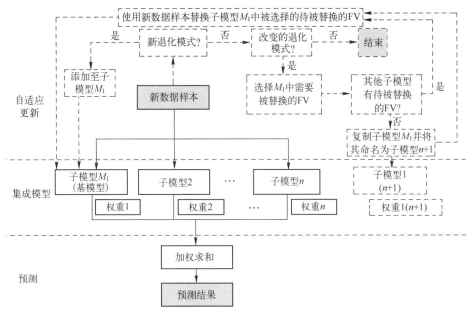

图 7.2-2 OE-FV 自适应更新过程简介

之前的数据样本上的预测误差决定的。

动态集成模型选择可以通过局部准确度、先验选择和后验选择等方法来实现。在 OE-FV 方法中，主要通过局部适应度来选择子模型。针对每个新的数据样本，计算该样本对每个子模型中特征向量集的局部适应度。只有局部适应度满足 $1-J_{Si}(x)<\rho$ 关系的子模型，才被用来组成临时的针对该训练样本的集成模型 EoC。

假设 **Er** 是储存了所有子模型预测误差的向量，而向量 $\mathbf{Er}_{EoC}$ 中是临时集成模型 EoC 中各子模型的预测误差，那么集成模型 EoC 中各子模型的权重可以通过式（7.2-1）计算。而集成模型的预测结果是所选择的子模型的结果的加权平均。式（7.2-2）表示了集成模型预测结果与各子模型预测结果的关系。

$$\boldsymbol{\omega} = \frac{1/\mathbf{Er}_{EoC}^2}{\sum 1/\mathbf{Er}_{EoC}^2} \qquad (7.2-1)$$

$$\hat{y} = \sum_{EoC} \omega_i \hat{y}_i \qquad (7.2-2)$$

式中：$\hat{y}_i$ 和 $\hat{y}$ 分别代表子模型和集成模型对新的数据样本的预测结果。

如果没有子模型满足给定的 $1-J_{Si}(x)<\rho$ 的关系，那么所有的子模型都是用来组成临时集成模型的，并输出预测结果。式（7.2-1）中的 $\mathbf{Er}_{EoC}$ 也就变成了式（7.2-2）中的 **Er**。之后，通过加权平均的方法获得集成模型的预测结果。

(3) 新的退化模式下集成模型更新策略。

如果一个新的数据样本在每个子模型中特征向量空间中的局部适应度都满足 $1-J_{S_i}(x)>\rho$，那么该样本就是一个新的特征向量，代表了一种新的退化模式。此时，就需将该样本添加到基模型 M_1 中。因为其他子模型代表了过去退化过程的不同阶段，所以不需要对新的退化模式做出改变。需要注意的是，在这种情况下，不需要创建新的子模型。那么集成模型中子模型的数量不变，除非基模型 M_1 进行了更新。基模型 M_1 只需根据下面第（6）部分进行更新。

(4) 改变的退化模式下集成模型更新策略。

当判断新的数据样本不代表新的退化模式后，通过判断各子模型的预测误差判断当前退化模式是否发生变化。如果集成模型中所有的子模型的预测误差都大于预先设定的阈值 δ，那么此数据样本就被判定是改变的退化模式。其将被用于代替基模型 M_1 中的一个特征向量。

在使用新的数据样本替换基模型 M_1 中的一个特征向量之前，我们需要解决两个问题。

第一个问题是如何选择基模型 M_1 中的待替换的特征向量。第 6 章中关于 Online-SVR-FID 的内容可以为此提供思路。在 Online-SVR-FID 中，新的数据样本用来替换基模型累计贡献最小的特征向量。根据相似的方法，一个更通用的方法是通过计算式（6.2-10）中新的数据样本在模型中各特征向量分量累计值的大小来刻画各特征向量对模型的贡献。

假设每个特征向量对基模型 M_1 的贡献为 m_i。那么当存在新的数据样本时，式（6.2-10）可以计算新的数据样本与各个特征向量的相似度，也就是新的数据样本在各特征向量上的投影。那么式（6.2-10）的结果中较大的 a_i 值说明新的数据样本与该特征向量更相似，因而其对模型准确预测新的数据样本的输出贡献也就越大。另外，各特征向量的贡献可以通过 $m_i^{\text{new}} = \gamma m_i + a_i$ 进行更新。其中，γ 为一个小于 1 的正数。

选定基模型 M_1 中对模型贡献最小的特征向量作为待替换的特征向量后，第二个问题是如何保证被替换掉的特征向量所包含的退化模式保留在集成模型内。如果待替换的特征向量只存在于基模型中，那么替换掉该特征向量会造成部分退化模式的丢失。这时就需要在替换该特征向量之前，复制基模型，并将其作为新的子模型添加到集成模型内。然后在基模型中使用新的数据样本替换该特征向量。这样的过程使集成模型既更新了退化模式，又保留了所有出现过的退化模式。而且我们可以看出，基模型中自适应地学习并保留了当前的退化模式，而所有出现过的退化模式均保留在了集成模型中。集成模型中的各子模型代表了退化过程中某个特定区间的退化模式。如果待替换的特征向量在集成模型中不是唯一的,那么直接在基模型中使用新的数据样本替换该特征向量。

(5) 更新子模型预测误差。

在第(2)部分中介绍了集成模型中的子模型是由其过往的预测误差 **Er** 决定的。在训练基模型 M_1 后,基模型的预测误差是其在整个训练上的均方差。

针对一个新的数据样本,集成模型中的部分或全部子模型会被用来预测该样本所对应的预测值。值得说明的是,针对任何数据样本,基模型 M_1 都是被选择的子模型之一,因为基模型中包含集成模型中所有特征向量的维度,而其他子模型只包括部分特征向量。也就是说,任何子模型中特征向量组成的空间均是基模型中特征向量所代表的空间的子空间。因此,新的数据样本在基模型特征向量的空间内的局部适应度是最小的。在自适应更新集成模型后,根据以下步骤更新各子模型的预测误差:

① 除了基模型外,EoC 中的其他子模型根据 $\mathbf{Er}_{EoC} = \beta \mathbf{Er}_{EoC} + |\hat{y}_i - y_i|$ 进行更新,其中 $\hat{y}_i$ 为各子模型的预测值,β 为一个小于 1 的正数,$\mathbf{Er}_{EoC}$ 为子模型当前的累积预测误差。该更新方法给予过去预测误差较小的权重,进而保证模型预测误差的实时性。

② 针对没有被选择组成预测集成模型 EoC 的子模型,根据 $\mathbf{Er} = \beta \mathbf{Er} + \tau \mathbf{Er}$,其中 Er 为 EoC 中子模型预测误差的最大值,τ 为一个大于 1 的正数,这样可以降低这些子模型的权重。

③ 针对基模型,根据在集成模型自适应学习中的情况选择下面两个方法之一。

a. 如果在图 7.2-1 的步骤 2.2 和步骤 2.3 中没有对基模型进行更新,那么根据第①步的方法更新其预测误差。

b. 如果在图 7.2-1 的步骤 2.2 和步骤 2.3 中对基模型进行了更新,那么应根据 $\mathbf{Er}_1 = \beta \mathbf{Er}_1 + |\hat{y}_{1,new} - y_i|$ 更新模型的预测误差。其中,$\hat{y}_{1,new}$ 为更新后的基模型在新的数据样本上的预测误差;$\mathbf{Er}_1$ 为模型当前的累积误差。

④ 如果在集成模型更新的过程中添加了新的子模型,那么根据 $\mathbf{Er}_{n+1} = \beta \mathbf{Er}_1 + |\hat{y}_{1,old} - y_i|$ 更新该子模型的累计误差。其中,$\mathbf{Er}_1$ 为基模型的未更新的累计误差;$\hat{y}_{1,old}$ 为新的子模型对当前数据样本的预测误差。

(6) 重新训练基模型 M_1。

当新的数据样本代表一个新的退化模式或改变的退化模式,基模型 M_1 需要进行更新。本章假设在更新基模型的过程中需要重新训练基模型。

在训练一个传统的核方法（如 SVR）时，其训练的优化目标函数是最小化在训练集上的均方差。在本节中，基模型的训练数据是所选择的特征向量集。而其优化目标函数是最小化在近期所有数据上的预测误差。举例来讲，假设在第 i_0 个数据样本时增加了最新的子模型，那么在第 i 个数据样本时，训练基模型的目标函数是最小化在第 i_0 个到第 i 个数据样本组成的数据集上的最小均方差，同时该数据集必须大于最小样本数并小于最大样本数。所以在重新训练基模型的过程中要在最近的 $\min(\max(N_{\min}, i-i_0), N_{\max})$ 个数据样本上最小化的预测误差，其中 $N_{\min}$ 和 $N_{\max}$ 分别为基模型的训练集的最小和最大样本数。

7.2.2.2 OE-FV 优点

与现有的自适应集成模型相比，本章介绍的 OE-FV 方法具有若干个优点：

(1) OE-FV 根据每个新的数据样本对集成模型进行更新，因此与基于数据块的方法和基于故障漂移检测器的方法相比，可以更及时地学习新的退化模式。而基于数据块的方法和基于故障漂移检测器的方法需要在积累一定数据量的基础上对集成模型进行更新，因此会造成模型反应的滞后。

(2) 在 OE-FV 中储存了研究对象在退化过程中发生过的所有退化模式。在过往退化模式复现时，不需要重新学习该退化模式，便可以增加模型自适应学习的效率。

(3) 当需要添加新的子模型时，不需要训练新的子模型，因为新的子模型都是基模型在不同阶段的复制品。而且其他子模型在添加后不再更新，只有基模型根据当前的退化模式进行更新。

(4) 由于各子模型代表了研究对象在不同阶段的退化模式，所以 OE-FV 的自适应学习过程保证了子模型之间的差异性。每个子模型中的退化模式是不同的。

(5) 针对新的数据样本，各子模型的权重根据样本进行计算，只有少数样本用来更新基模型。同时，在集成模型做出预测时，只有与该样本密切相关的子模型用来计算预测结果。因此，动态集成方法也可以在一定程度上降低集成模型预测的计算复杂度。

7.2.3 实例分析

本章中针对核电站的研究是核电站主泵第一密封圈泄漏量预测。与第 6 章和本章 7.1 节中的案例不同的是，本章考虑的是数据量较大的时间序列数据。图 7.2-3 是本章考虑的时间序列数据，共有 13124 个监测值。监测时间间隔为 4h。如果该时间序列记为 $l(t)$，本章节的案例预测目标为一天后的泄漏量，即 $y(t)=l(t+6)$。根据偏相关分析可以得出与数据最相关的为前 10 个历史监测数据，即输入向量 $\boldsymbol{x}(t)=[l(t-9),l(t-8),\cdots,l(t)]$。重构的数据中的前 500 个样本作为训练集，而剩余的样本作为测试集，模拟在线学习的过程。

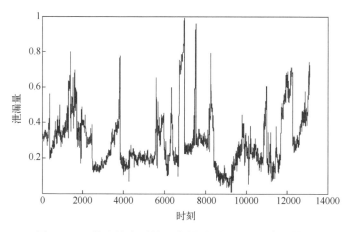

图 7.2-3　核电站主泵第一密封圈泄漏量时间序列数据

在本案例中，网格搜索方法被用于优化 OE-FV 模型中各个未知参数，其优化结果为 $\rho=10^{-6}$；$\theta=0.05$；$\gamma=0.8$；$\beta=0.6$；$\tau=4$；$N_{\min}=150$；$N_{\max}=500$。

首先使用 Online-SVR-FID 方法学习测试数据集中的退化模式。在实验中，1198 个数据样本被判定为变化的退化模式，13 个数据样本被判定为新的退化模式。但在 OE-FV 中，只有 120 个和 7 个数据样本被分别判定为变化的退化模式和新的退化模式。这是因为在集成模型中保留了所有出现过的退化模式，OE-FV 极大地减少了漂移的退化模式的数量，也大大降低了计算复杂度。此对比说明 OE-FV 较好地解决了复现的退化模式问题。图 7.2-4 展示了 OE-FV 在时刻 4600~6000 的预测结果。

本节将对比 Online-SVR-FID，Learn++.NSE、OWE 以及所提出的 OE-FV 在本实例的实验结果（主要包括准确度和计算效率）。在 Learn++.NSE 和 OWE 中，数据块的大小设定为 500；添加新子模型的阈值 ε 和遗忘率分别设定为（0.04，0.2）和（0.05，0.3）。表 7.2-1 展示了不同方法在相同计算机上的在线预测结果。

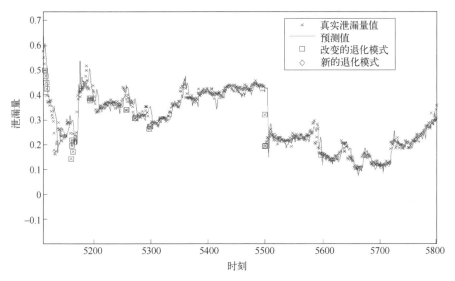

图 7.2-4 OE-FV 在 4600~6000 的预测结果

表 7.2-1 不同方法在相同计算机上的在线预测结果

方法	Online-SVR-FID	Learn++.NSE	Learn++.NSE Pruned	OWE	OWE Pruned	OE-FV
MSE	13×10^{-4}	16×10^{-4}	16×10^{-4}	12×10^{-4}	12×10^{-4}	8.6×10^{-4}
MARE	0.0977	0.1009	0.1009	0.0879	0.0882	0.0761
时间	460.117	8.3607	8.0682	30485	188.394	51.299
子模型个数	1	26	20	7513	20	13

从表 7.2-1 可以看出，所有的模型给出相近的准确度。其中 Learn++.NSE 的结果最差，而本章所介绍的 OE-FV 结果最好。这主要是由于集成模型中在线学习的策略不同。同时，Learn++.NSE 预测结果对于真实输出的延迟要大于 OE-FV。这是因为 OE-FV 采用数据块更新方法，需要积累一定数量的数据样本才更新样本，而 OE-FV 针对每一个数据样本研究集成模型的更新方法。

由于采用数据块方法，Learn++.NSE 方法的计算速度是最快的。虽然 OE-FV 针对每个样本进行模型更新，但是其计算复杂度并没有显著提升。这是由于在集成模型的更新和输出预测阶段都考虑尽可能地降低自适应学习方法的计算复杂度。

同时，OE-FV 的计算时间远远少于 Online-SVR-FID。这是因为 Online-SVR-FID 在过往退化模式复现时需要重新学习，而且大数据样本下单一 SVR

模型的计算复杂度呈指数增长，这些原因使 Online-SVR-FID 的计算复杂度较高。而 OE-FV 通过采用集成模型的方式降低了每个子模型中训练数据集的大小，并在集成模型中储存了所有出现过的退化模式，故而大大降低了模型的计算速度，并提高了模型的灵活性。

在这个案例研究中，Learn++.NSE 和 OWE 在 pruning 和 without pruning 的情况下给出了类似的预测结果。而且子模型的最大数量并不总是会增加精度。当子模型的数量大于某个值时，预测准确度不再提高。

图 7.2-5 显示了各模型在 5300~5400 时间段内的预测结果。可以看出 OE-FV 可以更好地适应退化模式的改变，也可以更快地捕捉并调整模型，从而给出最优的在线预测结果。

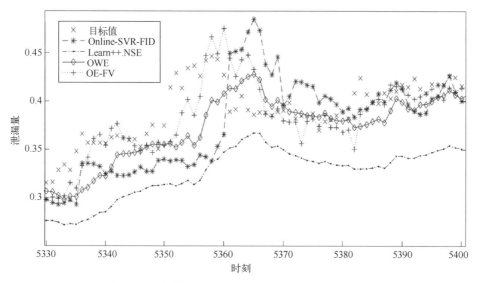

图 7.2-5　各模型在 5300~5400 时间段内的预测结果

7.3　基于疲劳裂纹扩展物理模型的自适应集成模型

本节将介绍一种用于疲劳裂纹扩展预测的自适应集成模型。该方法结合了递归贝叶斯方法与基于物理模型的动态权重集成模型，然后通过实例分析验证该方法的有效性和准确性。

7.3.1　研究背景

在航空、汽车、能源等领域，以及生产制造阶段，疲劳裂纹是设备故障最常见的因素之一。美国土木工程师学会（American Society of Civil Engineers，

ASCE)在1982年的一项研究表示，美国超过80%的钢铁桥梁垮塌的原因是疲劳造成的结构件裂纹[28]。在航空领域，转子的大多数关键部件都会出现裂纹，如主旋翼叶片、主机舱框架盖接头和尾梁[29]。这些意料之外的退化大大增加了设备失效并造成严重经济损失的风险[30]。因此，在过去的几十年中，研究人员和工程师针对如何可靠、准确地预测设备中裂纹增长过程，开展了大量研究。

在已经开展的故障预测的研究中，一部分关注如何利用相似部件的历史退化数据建立裂纹增长模型。但是，这些模型没有考虑研究对象的监测数据，以及如何利用这些数据提高预测准确度[31]。在现实的应用中，针对新产品或价值昂贵的产品，由于成本和时间的因素，往往很难获得足够多的历史数据，以至于不能建立较为准确的模型。同时，不同的操作环境和负载（如温度、速度等）可能造成不同设备中裂纹扩展过程之间具有很大差异。因此合理利用对象设备的状态监测数据对特定设备故障预测准确度是非常重要的。

为了解决这一问题，很多学者已经开展了一定的研究。米兰理工大学的研究人员利用随机裂纹扩展模型和递归贝叶斯方法，根据离散的监测数据更新疲劳裂纹扩展的退化状态，进而实现对设备剩余寿命的自适应预测。可见，递归贝叶斯方法非常适合基于物理模型故障预测算法的开发。退化状态的先验分布可以与监测数据的似然度相结合，达到更新系统状态后验分布的目的。也有学者针对物理模型中应力强度范围估计的问题，提出使用贝叶斯方法并根据监测数据更新范围估计结果，进而达到动态故障预测的目的[32]。贝叶斯方法也被用于UH-60行星架板裂纹深度变化趋势的预测[33]。

在实际应用中，疲劳裂纹扩展趋势在很大程度上取决于所使用的物理模型。因此，针对具体应用选择合适的物理模型对于预测结果的准确性是至关重要的。然而，在时变的环境下很难找到一个通用的模型。为了解决这个问题，研究人员已经开展了大量的研究[34]。现有的研究表明，包括马尔可夫模型、Yang's law模型和多项式模型在内的任意随机裂纹扩展模型不能很好地适用于不同设备或裂纹扩展预测问题[35]。事实上，每个模型只在某些特定情况下具有较好的预测精度。目前，还没有学者提出一种具有通用性的疲劳裂纹扩展模型。最近在锂离子电池的寿命预测中，研究人员提出通过建立由多个退化模型组成的集成模型的方式，获得较单个退化模型更高的预测精度[36]。该方法主要是结合多个具有差异性的退化模型，进而在锂离子电池退化的不同阶段，选择合适的退化模型，从而最大化集成模型的预测效果。不难发现，建立多个退化模型组成的集成模型是提高预测准确度的有效手段。

本节将介绍一种结合递归贝叶斯方法与动态集成模型的疲劳裂纹扩展预测方法。该方法使用在线监测数据估计裂纹的深度，同时，预测设备在短期内的裂纹退化状态，并防止设备在预测水平内发生断裂。该方法的主要特点是通过动态权重的方法结合不同退化模型。在在线预测过程中，不断根据各个模型当前性能动态地计算其在集成模型中的权重，从而在不同的退化过程中，选择最合适的退化模型。

7.3.2 研究方法

假设当前时刻为 t，本节所介绍的方法需要：①估计组件在 $T=t$ 的退化状态；②预测组件在 $T=t+100$ 时刻的退化状态；③预测组件在 $T=t+300$ 时刻的退化状态。

图 7.3-1 展示了基于物理模型的动态权重集成模型的流程图。可以看出，该方法主要由两部分组成：基于递归贝叶斯方法的当前退化状态估计和用于短期退化状态预测的动态权重集成模型。

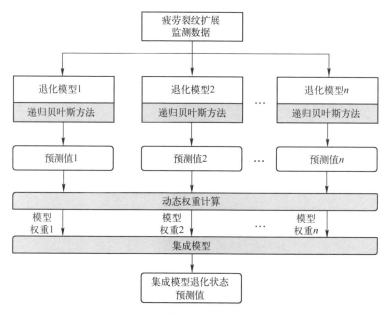

图 7.3-1　基于物理模型的动态权重集成模型的流程

7.3.2.1 基于递归贝叶斯方法的退化状态及参数估计

本书第 5 章利用递归贝叶斯方法实现了对多个具有退化相关特征组件的退化状态估计。在本章中，递归贝叶斯方法用于实现对单个组件真实退化状态和退化模型中未知参数的估计。

经典的递归贝叶斯方法假设设备在 t 时刻的真实退化状态为 $\{x_t, t \in N\}$，其中 N 为采样时间集合，相应的监测数据为 $\{z_t, t \in N\}$，并且状态转移方程 [式 (7.3-1)] 和观测方程 [式 (7.3-2)] 是已知的。

$$x_t = f_t(x_{t-1}, \omega_{t-1}) \tag{7.3-1}$$

$$z_t = g_t(x_t, v_t) \tag{7.3-2}$$

式中：ω_{t-1} 和 v_t 为随机噪声。

设备在 t 时刻的退化状态 x_t 只与前一时刻的退化状态 x_{t-1} 有关。这实际上描述的是一个一阶马尔可夫过程。给定监测数据，递归贝叶斯方法可以估计系统在 t 时刻的退化状态 x_t 的分布情况，即 $p(x_t|z_{1:t})$。具体来讲，退化状态的评估分为两步：预测和更新。

预测阶段是通过 Chapman-Kolmogorov 方程，利用状态转移方程 [式 (7.3-1)] 和前一时刻退化状态 x_{t-1} 预测下一时刻退化状态 x_t 的先验分布，即

$$p(x_t|z_{1:t-1}) = \int p(x_t|x_{t-1}, z_{1:t-1}) p(x_{t-1}|z_{1:t-1}) \mathrm{d}x_{t-1}$$

$$= \int p(x_t|x_{t-1}) p(x_{t-1}|z_{1:t-1}) \mathrm{d}x_{t-1} \tag{7.3-3}$$

其中，$p(x_t|x_{t-1})$ 可以通过状态转移方程得到。假设初始退化状态分布 $p(x_0|z_0) = p(x_0)$ 是已知的，那么我们可以根据式 (7.3-3) 和各时刻的监测数据估计系统在任意时刻的分布。

在更新阶段，利用新的状态监测数据 z_t 和贝叶斯定理计算后验分布 $p(x_t|z_{1:t})$，即

$$p(x_t|z_{1:t}) = \frac{p(x_t|z_{1:t-1}) p(z_t|x_t)}{p(z_t|z_{1:t-1})} \tag{7.3-4}$$

式中：$p(z_t|x_t)$ 为根据观测方程得到的似然度；$p(z_t|z_{1:t-1})$ 为归一化因子，其定义为

$$p(z_t|z_{1:t-1}) = \int p(x_t|z_{1:t-1}) p(z_t|x_t) \mathrm{d}x_t \tag{7.3-5}$$

在本章中，递归贝叶斯方法不仅估计退化状态，还包括状态方程中的未知参数。假设状态方程中的时变参数为 θ_t，那么我们可以假设

$$y_t = \begin{bmatrix} x_t \\ \theta_t \end{bmatrix} \tag{7.3-6}$$

进而，得到新的状态转移方程和观测方程：

$$y_t = F(y_{t-1}, \omega_{t-1}) \tag{7.3-7}$$

$$z_t = G_t(y_t, v_t) \tag{7.3-8}$$

其中

$$F(y,\omega) = \begin{bmatrix} f(x,\omega) \\ \theta \end{bmatrix} \quad (7.3\text{-}9)$$

$$G_t(y,v) = g_t(x,v) \quad (7.3\text{-}10)$$

利用新的状态转移方程 [式 (7.3-9)] 和观测方程 [式 (7.3-10)],可以计算得到联合概率分布 $p(y_t|z_{1:t}) = p(x_t,\theta_t|z_{1:t})$。假设初始的状态分布与 θ 无关,那么 $p(y_0) = p(x_0,\theta_0) = p(x_0)$。最终,退化状态 x_t 与时变参数 θ_t 的边际后验分布可以分别表示为

$$p(x_t|z_{1:t}) = \int p(y_t|z_{1:t})\mathrm{d}\theta_t = \int p(x_t,\theta_t|z_{1:t})\mathrm{d}\theta_t \quad (7.3\text{-}11)$$

$$p(\theta_t|z_{1:t}) = \int p(y_t|z_{1:t})\mathrm{d}x_t = \int p(x_t,\theta_t|z)\mathrm{d}x_t \quad (7.3\text{-}12)$$

7.3.2.2 疲劳裂纹扩展模型

使用递归贝叶斯方法进行状态估计和预测的前提是得到状态方程和观测方程。本章提到的观测方程中观测值为部件真实退化状态与随机噪声的叠加。状态方程包括以下四种模型:Paris-Erdogan 模型、多项式模型、基于全局函数(global function-based)的模型和基于曲线拟合函数的模型。

1. Paris-Erdogan 模型

Paris-Erdogan 模型是最常见的疲劳裂纹扩展模型之一[37]。该模型表示了裂纹扩展速率 dx/dN 与 Irwin 应力强度因子 ΔK[38] 之间的相关性。该相关性可以表示为

$$\frac{\mathrm{d}x}{\mathrm{d}N} = C(\Delta K)^m \quad (7.3\text{-}13)$$

式中:x 为裂纹长度;C、m 为与材料有关的常数;N 为疲劳应力循环次数。

在本节中,Paris-Erdogan 模型针对的是无限长度平板上的原型裂纹,该裂纹受到一个正弦应力 σ,并且几何因子为 1,那么,应力强度因子 ΔK 可以表示[38]为

$$\Delta K = \Delta\sigma\sqrt{\pi x} \quad (7.3\text{-}14)$$

式中:$\Delta\sigma$ 为周期应力的幅值。

加入正态白噪声后的状态空间方程为

$$\frac{\mathrm{d}x}{\mathrm{d}N} = \mathrm{e}^{\omega}C(\Delta K)^n \quad (7.3\text{-}15)$$

式中:ω 是一个随机高斯变量。

考虑到现实应用中裂纹增长率的差异性,Myötyri 等[39]在式 (7.3-13) 中引入了一个正态白噪声。对于一个足够小的时间段 Δt,式 (7.3-15) 表示

的状态空间方程可以离散地表示为

$$x_t = x_{t-1} + e^{\omega} C (\Delta K)^m \Delta t \tag{7.3-16}$$

该式描述了一个与退化状态无关的线性马尔可夫过程。

2. 多项式模型

研究人员发现，基于能量方程的疲劳裂纹扩展方程与裂纹扩展中位曲线之间存在偏差[35]。为了解决这个问题，研究人员提出了基于多项式方程的裂纹扩展模型，即

$$\frac{\mathrm{d}x}{\mathrm{d}N} = e^{\omega} (p_0 + p_1 x + p_2 x^2) \tag{7.3-17}$$

式中：$p_i (i=0,1,2)$ 为多项式常数。

该模型没有考虑应力强度因子 ΔK。同时，在实际应用过程中，研究人员发现多项式模型可以非常好地拟合退化过程中线性最小二乘阶段。

多项式模型的状态方程可以表示为

$$x_t = x_{t-1} + e^{\omega} (p_0 + p_1 x + p_2 x^2) \Delta t \tag{7.3-18}$$

3. 基于全局函数的模型

尽管Paris-Erdogan模型与多项式模型可以很好地描述疲劳裂纹扩展过程，但是这两个模型没有考虑组件几何特征对疲劳裂纹扩展过程的影响。为了解决这个问题，Hossien等[34]提出了基于改变式（7.3-14）中应力强度范围的全局方程。该方程添加了几何因子，即

$$\Delta K = h(x) \Delta \sigma \sqrt{\pi x} \tag{7.3-19}$$

式中：$h(x)$ 为几何因子。研究人员在提出该模型的同时，通过在均匀张力下一个中心带有裂纹的平板验证了基于全局函数的裂纹扩展模型。在该案例中，几何因子被定义为

$$h(x) = 1 + 0.128 \left(\frac{x}{w}\right) - 0.288 \left(\frac{x}{w}\right)^2 + 1.523 \left(\frac{x}{w}\right)^3 \tag{7.3-20}$$

式中：w 为试样的宽度。

基于全局函数的裂纹扩展模型可以被进一步表示为

$$x_t = x_{t-1} + e^{\omega} C \left[1 + 0.128 \left(\frac{x}{w}\right) - 0.288 \left(\frac{x}{w}\right)^2 + 1.523 \left(\frac{x}{w}\right)^3 \right]^m (\Delta \sigma \sqrt{\pi x})^m \Delta t \tag{7.3-21}$$

4. 基于曲线拟合函数的模型

提出基于全局函数的裂纹扩展模型的同时，文献［34］中的研究人员也提出了一个基于曲线拟合函数的经验模型，即

$$\frac{\mathrm{d}x}{\mathrm{d}N} = e^{\omega} \left(\frac{1}{C_1 x^m + C_2} \right) \tag{7.3-22}$$

式中：C_1、C_2、m 为模型中需要提前估计的常数。

研究人员同时也通过实例证明该模型可以比传统的 Paris-Erdogan 模型和多项式模型具有更高的准确度和更低的计算复杂度。该模型的状态方程可以表示为

$$x_t = x_{t-1} + e^{\omega} \left(\frac{1}{C_1 x^m + C_2} \right) (\Delta K)^m \Delta t \quad (7.3-23)$$

7.3.2.3 动态权重集成模型

虽然研究人员已经提出了多种随机裂纹扩展模型，但还没有一种是适合不同裂纹扩展过程的。也就是说，现有模型的通用性较差，尤其是在时时变的操作环境和负载下，单一模型无法在裂纹扩展的不同阶段始终保持一定的准确度。因此，本节介绍一种基于多个裂纹扩展模型的动态权重集成模型。该模型可以在裂纹扩展的不同阶段，通过赋予子模型不同的权重，动态地选择合适的裂纹扩展模型。

该方法主要可以分为三步：

（1）在时刻 t，收集到新的监测数据的同时，针对不同的裂纹扩展模型，使用递归贝叶斯方法估计裂纹深度及相应模型中的参数；

（2）根据每个模型在前几个循环负载下估计的准确度，计算各个子模型的权重，即

$$w_t^i = \frac{(\varphi_t^i)^{-2}}{\sum_i (\varphi_t^i)^{-2}} \quad (7.3-24)$$

式中：w_t^i、φ_t^i 分别为子模型 i 在时刻 t 的权重和估计误差。估计误差 φ_t^i 可以通过式（7.3-25）计算：

$$\varphi_t^i = \frac{1}{\delta} \sum_{k=t-\delta}^{t} (z_k - \hat{x}_k^i)^2 \quad (7.3-25)$$

式中：δ 为计算估计误差的时间水平（本节案例分析中，$\delta = 50$）；$\hat{x}_k^i$ 为子模型 i 在时刻 k 的退化状态估计值。子模型在过去时间水平下的估计误差越小，其在集成模型中的权重越大。

（3）获得集成模型在当前时刻下各子模型的权重后，通过下式计算集成模型的预测结果：

$$\tilde{x}_T = \sum_i^{N_M} (\hat{x}_T^i \times w_t^i) \quad (7.3-26)$$

式中：$\tilde{x}_T$ 为集成模型给出的系统在时刻 T 的预测值；N_M 为集成模型中子模型的数据量（本案例中为4）。

需要注意的是，收集到新的监测数据后，将通过式（7.3-24）和式（7.3-25）对各子模型的权重进行更新。

7.3.3　实例分析

7.3.3.1　案例介绍

核电站由于具有高温、高压、高辐射的特性，其内部的管道和旋转机构往往较其他机构更容易发生疲劳裂纹。本节将通过模拟实验数据验证所提出的方法的准确度。

假设疲劳裂纹在初始时的长度为 10^{-4} mm。总的疲劳应力循环 N 为 2000 次。为了验证模型在时变退化过程中的自适应能力，本节中的疲劳裂纹退化过程将被分成四部分，每部分都使用不同的疲劳裂纹扩展模型进行模拟。具体过程如下。

（1）在 1~500 个疲劳应力循环内使用式（7.3-16）中的 Paris-Erdogan 模型模拟退化过程。也就是说，Paris-Erdogan 模型表示了 $\ln(dx/dN)$ 与 $\ln(\Delta K)$ 之间的线性关系，仿真数据表示的应力强度因子（SIF）属于 Region Ⅱ（Paris region）。

（2）在 501~1000 个疲劳应力循环内，使用多项式模型生成仿真数据。

（3）在 1001~1500 个疲劳应力循环内，使用基于全局函数的模型进行模拟，并生成仿真数据。

（4）在 1501~2000 个疲劳应力循环内，基于曲线拟合的裂纹扩展模型用于生成仿真数据。

前文中所介绍的四种疲劳裂纹扩展模型的参数是通过专家经验设定的，如表 7.3-1 所列。每次收集到新的监测数据后，就使用前文介绍的递归贝叶斯方法进行裂纹长度、模型参数的更新，并重新计算各子模型的权重和集成模型预测结果。

表 7.3-1　仿真试验中各模型参数设置

状态方程高斯分布噪声方差	$\sigma_\omega^2 = 0.49$
观测方程高斯分布噪声方差	$\sigma_v^2 = 0.16$
Paris-Erdogan 模型	$C = 0.1$
	$m = 1.3$
多项式模型	$p_0 = 1.4 \times 10^{-3}$, $p_1 = 1.5 \times 10^{-3}$, $p_2 = 1 \times 10^{-5}$
基于全局函数的模型	$C = 0.005$
	$m = 0.245$
	$w = 1$ mm
基于曲线拟合的模型	$C_1 = 250$, $C_2 = 0.3$
	$m = -0.7$

如图 7.3-2 所示,为了验证动态权重模型在变负载下的性能,在仿真实验中采用了两种不同的载荷比(load ratio),即 $R=0.1$ 和 $R=0.15$。具体来讲,

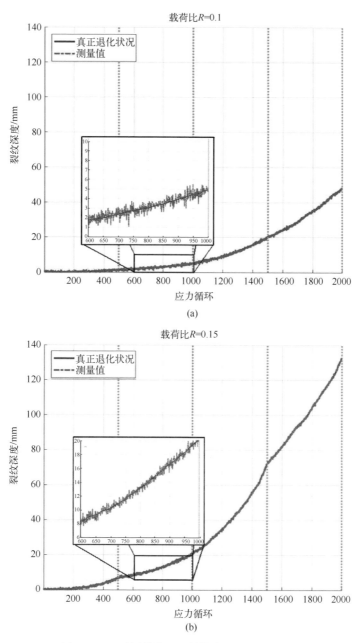

图 7.3-2　不同载荷比下的仿真裂纹扩展曲线

载荷比 R 是一个应力循环内最小应力因子与最大应力因子的比例,表示平均应力对裂纹扩展行为的平均影响。随着载荷比的增长,裂纹扩展速率曲线向较高的 dx/dN 偏移。

为了验证仿真退化过程中应力强度因子(SIF)的范围,图 7.3-3 和图 7.3-4 对仿真结果的第 1~500 个应力循环进行分析。该结果考虑了状态方程噪声的影响。与预期的一样,结果证明了 $\ln(dx/dN)$ 与 $\ln(\Delta K)$ 在不同负载比下的线性关系,也说明了模拟数据处于 Region Ⅱ(Paris region)。

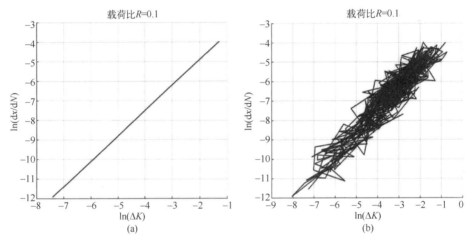

图 7.3-3　载荷比 $R=0.1$ 下 $\ln(dx/dN)$ 与 $\ln(\Delta K)$ 在
无噪声(a)和有噪声(b)情况下的关系

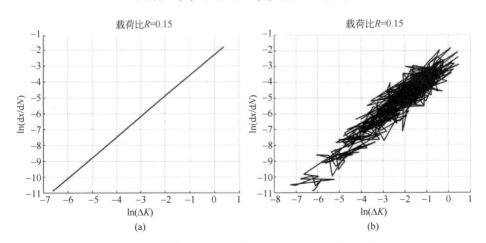

图 7.3-4　载荷比 $R=0.15$ 下 $\ln(dx/dN)$ 与 $\ln(\Delta K)$ 在无
噪声(a)和有噪声(b)情况下的关系

7.3.3.2 结果分析

本节所介绍的结合了递归贝叶斯方法的动态权重集成模型的主要优势在于针对退化过程的不同阶段动态确定子模型的权重,从而选择当前时刻准确度最高的子模型。具体来讲,首先,在每次收集到新的监测数据后,通过递归贝叶斯方法更新疲劳裂纹的退化状态估计和模型参数;然后,根据各个模型在过去一定时间水平内的状态估计准确度确定其权重。在 7.3.2 节中介绍的四种模型组成了本案例中的集成模型。本案例中采用均方差(MSE)作为刻画子模型性能的指标,其计算公式为

$$\mathrm{MSE}_i = \frac{1}{N} \sum_{t=1}^{N} (x_t - \hat{x}_t^i)^2 \qquad (7.3\text{-}27)$$

式中:x_t 和 $\hat{x}_t^i$ 分别代表了在 t 时刻组件的真实退化状态和子模型 i 的预测退化状态。

图 7.3-5 和图 7.3-6 展示了在不同负载比下的退化状态估计和预测的结果。首先,可以看出不同的子模型和集成模型均根据监测数据比较准确地估计当前退化状态。其次,在针对 $t+100$ 和 $t+300$ 预测水平的结果上,可以看出集成模型能够更准确地预测在未来的退化状态。这也说明了本章介绍的动态权重集成模型的有效性。从图 7.3-5 和图 7.3-6 也可以看出,多项式模型比较适合疲劳裂纹扩展初期的状况。随着疲劳裂纹扩展的发展,多项式模型的预测准确度降低。换言之,多项式模型只适合于线性并且确定性的疲劳裂纹扩展过程。相反地,随着时间赋予子模型动态权重的策略,集成模型可以适应裂纹扩展的不同阶段。表 7.3-2 展示了不同子模型和集成模型的状态估计和预测结果,该结果再次证明了上述结论。

表 7.3-2 不同子模型和集成模型的状态估计及预测结果

模 型	$R=0.1$			$R=0.15$		
	t	$t+100$	$t+300$	t	$t+100$	$t+300$
Paris-Erdogan 模型	0.10	1.09	12.79	0.15	10.35	151.04
多项式模型	0.10	4.51	60.90	0.15	278.25	9764.72
基于全局函数的模型	0.10	0.69	11.92	0.15	8.94	140.21
基于曲线拟合的模型	0.10	3.54	42.03	0.15	14.33	119.09
集成模型	0.10	0.38	2.07	0.12	5.23	33.14

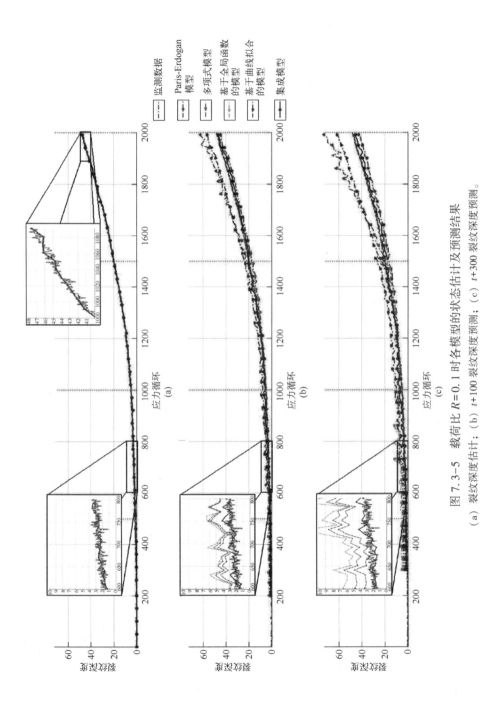

图 7.3-5 载荷比 $R=0.1$ 时各模型的状态估计及预测结果

(a) 裂纹深度估计；(b) $t+100$ 裂纹深度预测；(c) $t+300$ 裂纹深度预测。

第 7 章 自适应集成模型在核电站中的应用

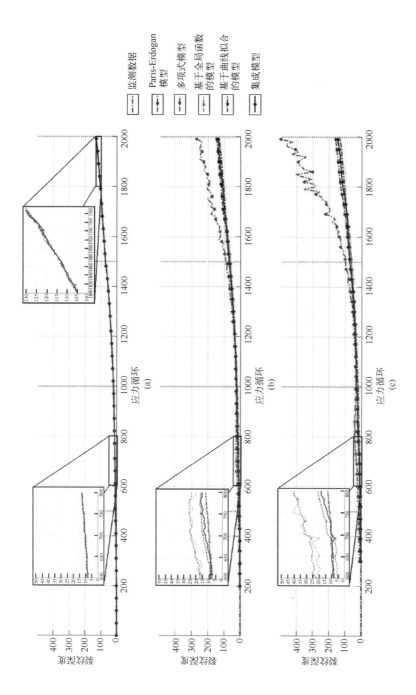

图 7.3-6 载荷比 $R=0.15$ 时各模型的状态估计及预测结果
(a) 裂纹深度估计；(b) $t+100$ 裂纹深度预测；(c) $t+100$ 裂纹深度估计。

以上结果是在已知组件初始裂纹深度的前提下获得的，接下来我们将探讨裂纹初始深度在未知的情况下各模型状态估计和预测结果的准确度。假设在第 1~500 个应力循环下裂纹扩展的监测数据和真实状态是未知的。在两种负载比下，动态权重集成模型的状态估计和预测结果分别如图 7.3-7 和图 7.3-8 所示。图中的点线是 95% 置信区间。两图的结果表明，即使在未知裂纹初始深度的情况下，动态权重集成模型也能够较好地估计裂纹深度并预测其扩展情况。需要注意的是，当负载比为 0.15 时，在 $t+300$ 预测水平下，集成模型置信区间出现了几个异常值。但是在 $t+100$ 预测水平下，并没有发现类似的异常值。这是因为在较远的预测水平下，迭代多步预测的子模型的误差积累，进而导致结果的不确定性增加。图 7.3-9 所示为各个子模型预测结果的不确定度，可以看出，所有子模型在裂纹扩展的后期不确定性增加，这就导致了集成模型不确定性增加。

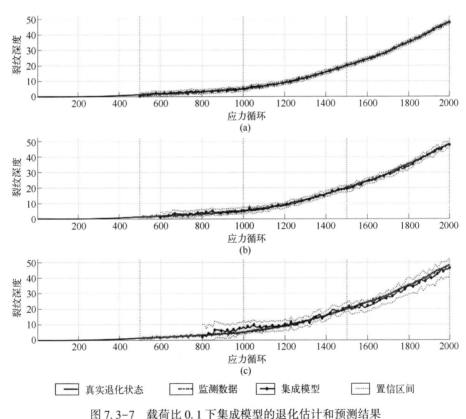

图 7.3-7　载荷比 0.1 下集成模型的退化估计和预测结果
（a）裂纹深度估计；（b）$t+100$ 裂纹深度预测；（c）$t+300$ 裂纹深度预测。

第7章 自适应集成模型在核电站中的应用

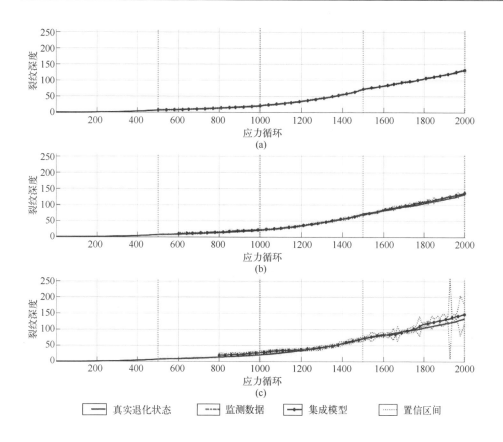

图 7.3-8 载荷比 0.15 下集成模型的退化估计和预测结果
（a）裂纹深度估计；（b）$t+100$ 裂纹深度预测；（c）$t+300$ 裂纹深度预测。

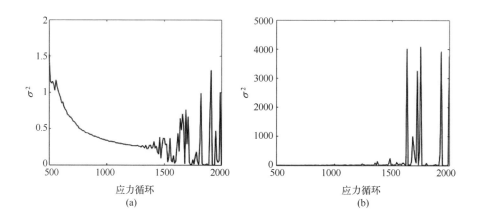

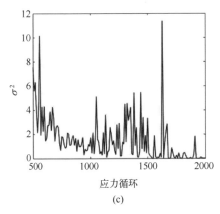
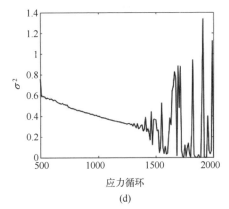

图 7.3-9 $t+300$ 预测水平下各子模型在不同应力循环下置信区间的方差

(a) Paris-Erdogan 模型；(b) 多项式模型；(c) 基于全局函数的模型；
(d) 基于曲线似合的模型。

7.4 小　　结

本章针对核电站的案例研究，介绍了三种不同的自适应集成模型。第一种为基于 SVR 的针对单一数据样本的动态权重集成模型。该模型可以克服模型训练过程中以全局最优为目标，忽略单一模型在单一样本上的性能。第二种为基于 SVR 的针对存在退化模式漂移的数据流的自适应集成模型。该模型可以根据退化模式漂移的类型，自主地采用不同策略更新集成模型。第三种为基于物理模型的动态权重集成模型。该模型可以根据不同模型在短期内的性能决定其在集成模型内的权重，从而解决单一物理模型无法适应裂纹扩展不同阶段的难题。

参考文献

[1] LIU J, VITELLI V, ZIO E, et al. A Novel Dynamic-Weighted Probabilistic Support Vector Regression-Based Ensemble for Prognostics of Time Series Data [J]. IEEE Transactions on Reliability, 2015, 64 (4)：1203-1213.

[2] LIU J, VITELLI V, SERAOUI R, et al. Dynamic Weighted PSVR-Based Ensembles for Prognostics of Nuclear Components [C]. PHM Society European Conference, Paris, 2014.

[3] LIU J, VITELLI V, ZIO E, et al. A Dynamic Weighted RBF-Based Ensemble for Prediction of Time Series Data from Nuclear Components [J]. International Journal of Prognostics & Health Management, 2015, 6 (3)：1-9.

[4] LIU J, ZIO E. A SVR-based ensemble approach for drifting data streams with recurring patterns [J]. Applied Soft Computing, 2016, 47：553-564.

[5] NGUYEN H P, LIU J, ZIO E. Dynamic-weighted ensemble for fatigue crack degradation

state prediction [J]. Engineering Fracture Mechanics, 2018.

[6] HU C, YOUN B D, WANG P, et al. Ensemble of data-driven prognostic algorithms for robust prediction of remaining useful life [J]. Reliability Engineering & System Safety, 2012, 103: 120-135.

[7] POLIKAR R. Ensemble based system in decision making [J]. IEEE Circuits and Systems Magazine, 2006, 6 (3): 21-45.

[8] CHEN S, WEI W, ZUYLEN H V. Construct support vector machine ensemble to detect traffic incident [J]. Expert Systems with Applications, 2009, 36 (8): 10976-10986.

[9] BARALDI P, RAZAVI-FAR R, ZIO E. Classifier-ensemble incremental-learning procedure for nuclear transient identification at different operational conditions [J]. Reliability Engineering & System Safety, 2011, 96 (4): 480-488.

[10] CHU W, KEERTHI S S, ONG C J. Bayesian support vector regression using a unified loss function [J]. IEEE Transactions on Neural Networks, 2004, 15 (1): 29-44.

[11] GAO J B, GUNN S R, HARRIS C J, et al. A Probabilistic Framework for SVM Regression and Error Bar Estimation [J]. Machine Learning, 2002, 46 (1): 71-89.

[12] BAUER E, KOHAVI R. An Empirical Comparison of Voting Classification Algorithms: Bagging, Boosting, and Variants [J]. Machine Learning, 1999, 36 (1-2): 105-139.

[13] ZIO E, MAIO F D. A Data-Driven Fuzzy Approach for Predicting the Remaining Useful Life in Dynamic Failure Scenarios of a Nuclear Power Plant [J]. Reliability Engineering & System Safety, 2010, 95 (1): 49-57.

[14] MASRY E, MIELNICZUK J. Local linear regression estimation for time series with long-range dependence [J]. Stochastic Processes and their Applications, 1999, 82 (2): 173-193.

[15] WILLIAMS C, CHRISTOPHER K I. Computing with infinite networks [J]. Advances in neural information processing systems, 1997, 9: 295-301.

[16] STREET W N. A streaming ensemble algorithm (SEA) for large-scale classification [J]. Proc. acm Sigkdd Intl. conf. knowledge Discovery & Data Mining, 2001.

[17] MUHLBAIER M D, POLIKAR R. An Ensemble Approach for Incremental Learning in Nonstationary Environments [Z]. 2007.

[18] NISHIDA K. ACE: Adaptive Classifiers-Ensemble System for Concept-Drifting Environments [C]// Multiple Classifier Systems: 6th International Workshop, MCS 2005, Seaside, CA, USA. Springer-Verlag, 2005.

[19] RAZAVI-FAR R, BARALDI P, ZIO E. Dynamic Weighting Ensembles for Incremental Learning and Diagnosing New Concept Class Faults in Nuclear Power Systems [J]. IEEE Transactions on Nuclear Science, 2012, 59 (5): 2520-2530.

[20] MINKU L L, WHITE A P, YAO X. The impact of diversity on online ensemble learning in the presence of concept drift [J]. IEEE Transactions on Knowledge and Data Engineering, 2010 (5): 730-742.

[21] PAGE E S. Continuous inspection schemes. Biometrika, 1954, 41 (1-2): 100-115.

[22] MINKU L L, YAO X. DDD: A New Ensemble Approach for Dealing with Concept Drift [J]. IEEE Transactions on Knowledge and Data Engineering, 2012, 24 (4): 619-633.

[23] ZLIOBAITE I, BIFET A, PFAHRINGER B, et al. Active Learning With Drifting Streaming

Data [J]. IEEE Transactions on Neural Networks & Learning Systems, 2014, 25 (1): 27.
[24] KOLTER J Z, MALOOF M A. Using Additive Expert Ensembles to Cope with Concept Drift [C]//Proceedings of the Twenty-Second International Conference (ICML 2005). Bonn, 2005.
[25] KADLEC P, GABRYS B. Local learning-based adaptive soft sensor for catalyst activation prediction [J]. AIChE Journal, 2011, 57 (5): 1288-1301.
[26] SOARES S G, ARAÚJO R. An on-line weighted ensemble of regressor models to handle concept drifts [J]. Engineering Applications of Artificial Intelligence, 2015, 37: 392-406.
[27] GOMES J B, GABER M M, SOUSA P A C, et al. Mining Recurring Concepts in a Dynamic Feature Space [J]. IEEE Transactions on Neural Networks & Learning Systems, 2013, 25 (1): 95-110.
[28] ZHAO Z, HALDAR A, BREEN F L. Fatigue-Reliability Evaluation of Steel Bridges [J]. Journal of Structural Engineering, 1994, 120 (5): 1608-1623.
[29] HAILE M A, RIDDICK J C, ASSEFA A H. Robust Particle Filters for Fatigue Crack Growth Estimation in Rotorcraft Structures [J]. IEEE Transactions on Reliability, 2016, 65 (3): 1438-1448.
[30] COMPARE M, BELLANI L, ZIO E. Availability Model of a PHM-Equipped Component [J]. IEEE Transactions on Reliability, 2017, 66 (2): 1-15.
[31] SHIN J, SON H, UR R K, et al. Development of a cyber security risk model using Bayesian networks [J]. Reliability Engineering & System Safety, 2015, 134: 208-217.
[32] ZARATE B A, CAICEDO J M, YU J, et al. Bayesian model updating and prognosis of fatigue crack growth [J]. Engineering Structures, 2012, 45 (DEC.): 53-61.
[33] ORCHARD M E, VACHTSEVANOS G J. A particle-filtering approach for on-line fault diagnosis and failure prognosis [J]. Transactions of the Institute of Measurement & Control, 2007, 31 (3-4): 221-246.
[34] SALIMI H, MOHAMAD M P, KIAD S. Assessment of stochastic fatigue failures based on deterministic functions [C]. 13th International Conference on Probabilistic Safety Assessment and Management (PSAM 13), Seoul 2016.
[35] WU W F, NI C C. Probabilistic models of fatigue crack propagation and their experimental verification - ScienceDirect [J]. Probabilistic Engineering Mechanics, 2004, 19 (3): 247-257.
[36] XING Y, MA E, TSUI K L, et al. An ensemble model for predicting the remaining useful performance of lithium-ion batteries [J]. Microelectronics Reliability, 2013, 53 (6): 811-820.
[37] PARIS P, ERDOGAN, F. A Critical Analysis of Crack Propagation Laws. Journal of Basic Engineering, 1963, 85 (4), 528-534.
[38] IRWIN G R. Analysis of stresses and strains near the end of a crack traversing a plate. J Appl Mech Trans ASME 24: 361-364 [J]. Journal of Applied Mechanics, 1957, 24: 361-364.
[39] MYOETYRI E, PULKKINEN U, SIMOLA K. Application of stochastic filtering for lifetime prediction [J]. Reliability Engineering & System Safety, 2006, 91 (2): 200-208.

第8章

PHM 方法的验证与确认

8.1 验证与确认的框架结构

验证与确认（verification and validation，V&V）是 PHM 系统设计过程中一个非常重要的阶段，通过全新途径开发相应验证与确认方法将提高 PHM 系统认证的可信度、有效减少人力需求、拓展系统功能、提升技术水平，PHM 系统验证和确认框架结构如图 8.1-1 所示[1]。

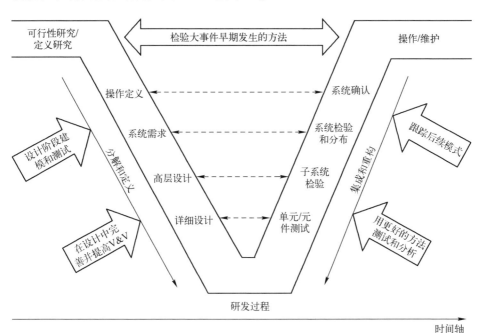

图 8.1-1　PHM 系统验证和确认框架结构

由图 8.1-1 可以看出，验证与确认贯穿整个 PHM 系统的研发过程：在 PHM 系统设计之初，首先要针对特定系统进行可行性研究；其次根据应用对系统操作进行定义，明确系统需求；最后进行高层次设计和详细设计，完成硬件开发和实地安装[1]。

在设计阶段主要进行系统建模和测试，不断促进验证和确认工作的完成，建立验证和确认方案并进行修正，完成对系统的集成和重构，并选用优化的方法进行测试和分析。在实际操作和维护过程中，不断对其可行性和定义研究进行反馈修正，从而完善验证和确认过程[1]。

8.2 验证与确认的关键支撑技术

近年来，随着 PHM 技术的快速发展，对验证与确认方法的研究也逐渐引起了国内外学者的关注。在国外，特别是在美国国防高级研究计划局（DARPA）的资助下，以 NASA 为代表的一些科研机构纷纷致力于该项研究，已经取得一些研究成果。在国内，由于 PHM 系统尚处于发展的原型阶段，有关验证与确认方面的研究在已有的公开文献中并不多见。通过查阅现有文献资料，PHM 验证与确认方法的研究主要包括以下三种关键支撑技术：PHM 验证方法和性能评估、PHM 原型验证系统、PHM 不确定性管理[1]。

8.2.1 PHM 验证方法和性能评估

8.2.1.1 现状分析

当故障预测算法逐步运用到监控飞机的结构状态、电子系统、作动器、供电系统、推进系统等领域之后，如何选择合理的验证方法和性能评估指标就成为各国学者争相研究的对象。采用预测验证方法带来以下挑战：进行实际工作来理解故障机理；从大量实例中建立故障数据库，查找对应关系；对目标系统建立预测分析方法，主要从传感器、算法和趋势上进行分析。预测验证方法分为开放性演示、分析、建模和仿真、加速试验。这些方法可以归结为一个循环：概念—评估—演示—制造—服务—提议[1]。在确定相应的验证方法以后，就必须选择一组指标对故障预测算法性能进行评价。

PHM 作为故障诊断的最高阶段，一些传统的用于故障诊断的性能指标并不能很好地体现 PHM 的特点，需要建立新的性能评估指标。在选择指标时需要关注以下两点：一是预测时间范围在不同故障预测算法的不同应用中都有所不同，因此选择的指标必须认识到预测范围的重要性；二是当一个故障能够带来破坏性影响时,它的预测时间应该提前。其目的在于根据需求选择指标集,并对不同故障预测算法进行评价,从而选择最适合的算法。性能指标不仅是用来衡量算法好坏的工具,还具有如下优点:一是根据现有监测参数和状态反映系统内在和外在的性能表现;二是创造出一种标准化语言,技术开发人员和用户相互交流并对结果进行比较,有助于加快系统的研发过程;三是作为一种闭环的反馈研究开发工具,能够最大化或最小化客观功能[1]。

在国外,相关研究所和研究人员开展了积极研究。洛克希德·马丁航空公司(Lockheed Martin Aeronaut)[2]以信任等级和故障周期来判断,在多高的精度范围内成功预测成为评估算法的性能指标,主要包含两个因素:①告警时间,即故障发生前的最小估计时间;②最小表现,即可以提高现有预测算法的工作间隔。EMBRAER公司(Empresa Brasileira de Aeronautica S. A.)[3]从性能指标与PHM系统需求、设计和效费比之间的关系入手,在完善洛克希德·马丁航空公司研究成果的基础上,提出以下三种指标:①精确度,即剩余寿命落在哪个置信区间;②准确度,即估计故障时间与实际故障时间的差值;③预测估计,即用置信度来估计部件或系统的剩余寿命,并结合实例进行仿真试验。但是这些指标大多来自经济方面的预测指标,而不是专门为复杂系统故障预测定制的指标。正是基于这种原因,NASA[4]根据不同的应用场景,将故障预测的性能评估指标分为科学的、管理的和经济的三类,并指出离线和在线状态下指标的不同表现及象征意义。在分析传统性能指标的基础上,给出了四种新指标,并利用指标对电源故障预测算法进行了验证和评估。美国约翰·霍普金斯大学的Sheppard等则从建立PHM标准体系入手,通过介绍现有IEEE的故障诊断标准及测量测试标准如何支持PHM的应用,明确了PHM标准体系的发展方向[5]。

在国内,也有学者开展了相关内容的研究,比较有代表性的有:北京航空航天大学的徐萍等[6]围绕PHM系统故障检测、故障隔离、故障预测和剩余寿命预测提出了相应的验证方法步骤和性能指标评估,并构建了验证评估系统,包含PHM需求量化、PHM能力评估等。中国航空工业集团公司综合技术研究所的Zeng等[7]针对机载PHM系统的相关标准、系统功能和工作流图进行了详尽分析,根据机载PHM系统结构特点和不同阶段系统的设计需求,先后提出了BITE传感器、区域管理和全局管理的性能指标需求,建立了性能指标体系,并推导了一套层次验证、总体评估的验证方法。但是上述研究都停留在理论研究层面,没有在具体的预测算法和PHM系统设计中得到验证。

8.2.1.2 PHM 模型性能评估指标

目前，已经提出了许多 PHM 模型性能评估指标。根据不同的需求，最基本的准确度和精度指标已经被转化为更为复杂的指标。根据指标的功能可以分为三类：算法性能指标、计算性能指标、经济指标[4]。算法性能指标又可以进一步分为准确度、鲁棒性、精度和轨迹四个主要小类。本节将简要综述文献[4,8]中介绍的 PHM 模型性能评估指标。

1. 算法性能指标

现有的大多数性能评估指标都是算法性能指标。总的来说，算法性能指标都可以通过计算预测值与真实 RUL 之间的误差。其他性能指标使用误差量化如统计瞬间、鲁棒性、收敛性等的误差。计算误差需要已知真实数据，这在很多情况下是不可能的。表 8.2-1 给出了目前比较常用的算法性能指标。

表 8.2-1 常用的算法性能指标

指标名称	定义	描述	取值范围
准确度指标			
误差	$\Delta^l(i) = r_*^l(i) - r^l(i)$	误差是描述与期望输出之间偏差的指标	$(-\infty, +\infty)$ 最佳取值=0
规模无关平均误差	$A(i) = \dfrac{1}{L}\sum_{l=1}^{L}\exp\left\{-\dfrac{|\Delta^l(i)|}{D_0}\right\}$	多个 UUT 的 RUL 预测值误差的指数值的平均值。D_0 为归一化常数	$(0,1]$ 最佳取值=1
平均偏差	$B_l = \dfrac{\sum_{i=P}^{EOP}\Delta^l(i)}{(EOP - P + 1)}$	从第一次预测时刻开始的预测误差的平均值	$(-\infty, +\infty)$ 最佳取值=0
假阳性	$FP(r_*^l(i)) = \begin{cases} 1 & (\Delta^l(i) > t_{FP}) \\ 0 & (其他) \end{cases}$	FP 和 FN 分别表示不能接受的过早和过晚的预测结果。使用者需要定义预测结果误差的可接受范围，即 t_{FP} 与 t_{FN}。需要注意的是，RUL 预测值迟于某个时间阈值 t_c 时，该预测结果不能预防事故的发生	$[0,1]$ 最佳取值=0
假阴性	$FN(r_*^l(i)) = \begin{cases} 1 & (-\Delta^l(i) > t_{FN}) \\ 0 & (其他) \end{cases}$		$[0,1]$ 最佳取值=0
平均绝对误差百分比	$MAPE(i) = \dfrac{1}{L}\sum_{l=1}^{L}\left|\dfrac{100\Delta^l(i)}{r_*^l(i)}\right|$	多个 UUT 的预测误差百分比的平均值。同时，也可以使用中位值代替平均值，该中位值叫作绝对误差百分比中位值（MdAPE）	$[0, +\infty)$ 最佳取值=0
均方差	$MSE(i) = \dfrac{1}{L}\sum_{l=1}^{L}\Delta^l(i)^2$	多个 UUT 在同一预测范围内的预测方差的平均值。其衍生指标之一为根均方差（RMSE）	$[0, +\infty)$ 最佳取值=0

续表

指标名称	定 义	描 述	取值范围
准确度指标			
平均绝对误差	$MAE(i) = \dfrac{1}{L}\sum_{l=1}^{L}\lvert\Delta^l(i)\rvert$	多个 UUT 在同一预测范围内的预测误差绝对值的平均值。如果去掉这些绝对误差的中位值，则称为中位绝对误差（MdAE）	$[0,+\infty)$ 最佳取值=0
均方根百分比误差	$RMSPE(i) = \sqrt{\dfrac{1}{L}\sum_{l=1}^{L}\left\lvert\dfrac{100\Delta^l(i)}{r_*^l(i)}\right\rvert^2}$	多个 UUT 预测结果平均百分比误差的平方根。相似的指标还有根中位数平方百分比误差（RMdSPE）	$[0,+\infty)$ 最佳取值=0
精度指标			
样本标准偏差	$S(i)\sqrt{\dfrac{\sum_{i=1}^{n}(\Delta^l(i)-M)^2}{n-1}}$ M 为误差的样本均值	样本标准偏差衡量了多个 UUT 的预测误差对样本均值的分散/离散程度。该指标假设预测误差服从高斯分布	$[0,+\infty)$ 最佳取值=0
平均偏离样本中值绝对值	$MAD(i) = \dfrac{1}{n}\sum_{l=1}^{n}\lvert\Delta^l(i)-M\rvert$ $M = \mathrm{median}(\Delta^l(i))$	该指标主要用于 UUT 数量较少且预测误差不服从正态分布的情况	$[0,+\infty)$ 最佳取值=0
中位偏离样本中值绝对值	$MdAD(i) = \mathrm{median}(\lvert\Delta^l(i)-M\rvert)$ $M = \mathrm{median}(\Delta^l(i))$	该指标主要用于 UUT 数量较少且预测误差不服从正态分布的情况	$[0,+\infty)$ 最佳取值=0
鲁棒性指标			
可靠性图，布里尔分数	布里尔分数 $BS = \dfrac{1}{K}\sum_{k=1}^{K}(p_k - o_k)^2$	可靠性图是针对随机事件描述其预测的概率与观测概率之间的关系。该随机事件可以是在某一区间内的 RUL 值或健康指数在规定时间内超过报警阈值的概率	$[0,1]$ 最佳取值=0
接收器操作特性（ROC）	ROC 曲线（FP-TN 曲线）下的面积作为一个性能参数	ROC 较全面地描述了假阳性和假阴性之间的权衡。但这一曲线在实际中是很难获得的	$[0,1]$ 最佳取值=0

续表

指标名称	定义	描述	取值范围
鲁棒性指标			
敏感性	$S(i)=\dfrac{1}{L}\sum_{i=1}^{L}\dfrac{\Delta M^{l}(i)}{\Delta_{\text{input}}}$	该指标描述预测算法对输入变化或外部干扰的敏感性。ΔM 是连续两个输出之间的差值；Δ_{input} 为两个连续输入之间的距离	$[0,+\infty)$ 最佳取值=0

表 8.2-1 中涉及的主要变量的意义如下：

RUL：剩余可用寿命；

UUT：被测单元；

i：时间 t_i 索引；

EOL：寿命结束的真实时刻；

EOP：预测值第一次超过失效阈值的时刻，即剩余寿命的预测值；

O：系统开始运行的时间点 t_0；

F：退化发生时刻 t_F；

D：PHM 模型检测到系统故障的时刻 t_D；

P：PHM 模型第一次给出预测结果的时刻 t_P；

$f_n^l(i)$：第 i 个被测单元的第 n 个检测变量在时刻 i 时的数值；

$c_n^l(i)$：第 i 个被测单元的第 n 个操作条件在时刻 i 时的数值；

$r^l(i)$：已知截至时刻 i 的监测数据，第 i 个被测单元的 RUL 的估计值；

$\pi^l(i|j)$：已知截至时刻 j 的监测数据，第 i 个被测单元在未来时刻 i 时的预测值；

$\Pi^l(i)$：在时刻 i，第 i 个被测单元的预测退化轨迹；

$h^l(i)$：在时刻 i，第 i 个被测单元的健康状态。

2. 计算性能指标

目前，不是所有的研究人员都考虑 PHM 模型的计算性能指标，仅有少数是有关计算性能的指标，如复杂度等。很多研究成果由于还没有开发出原型系统，因此模型的计算性能还没有被研究人员考虑在内。PHM 模型的计算性能对在线实时监测系统是非常重要的，尤其是对安全相关的决策。

在理论计算机科学领域，常常使用英文大写 O 表示一个算法的计算复杂度，表示运行一个算法需要的时间。比如，一个算法的计算复杂度为 $O(n^2)$，就是说该算法运行的时间与输入数量的平方成正比。同时，该表示方法与运行软件和硬件特征无关。

为了描述一个算法、软件和硬件组合的计算性能，可以使用 CPU 时间来描述。CPU 时间描述了计算机在运行该软件时使用的时间。

除了计算时间，还可以使用在运行软件过程中占用的动态随机存取存储器（DRAM）大小来描述算法的空间复杂性。一个算法的硬件占用大小对只有有限计算性能的设备非常重要，它决定了是否可以将该方法用于现场在线实时监测。

3. 经济指标

经济指标描述 PHM 模型带来的经济效益。其通常受到模型准确度的影响。MTBF/MTBUR 之比说明提高模型预测的准确度可以有效降低维修的平均时间。

设备的寿命周期成本是购置成本和运营成本的总和。由于增加系统预测能力需要增加相应的软硬件，因此设备的购置成本就会增加，但准确地预测设备的剩余可用寿命可以有效降低备件，进而降低其运营成本。当然，运营成本也会由于维护预测系统而增加，而总体来讲设备的全寿命周期成本将由于加入了预测模块而大大降低。

投资回报率（return on investment，ROI）将时间成本与寿命周期成本相结合。降低全寿命周期成本只说明增加预测模块可以节省成本，并不能说明预测模块的投入和节省的成本之间的比例。ROI 可以较好地刻画增加预测模块的投入带来的效益。

4. 数据需求

数据需求表示了自适应模型对数据集大小和数据标签的需求。通常，在相同预测准确度下，一个自适应模型对数据量的需求越低，该模型的普适性越好，而其性能也越强大。这是由于数据的收集工作是非常耗时和困难的。很多实际问题中，很难收集到大量的故障退化数据。同时，模型对数据样本真实标签的需求也是限制自适应模型在现实应用中适用性的重要指标。在很多监督学习的算法中，往往假设数据的真实样本标签全部是已知的，并且在收集到新的数据的同时，其真实标签是立即可以获得的。这在现实应用中是很难实现的。在现实问题中，真实数据标签的获得往往具有一定的延时性。而且，研究整个数据集所对应的真实样本标签，在现实生活中由于时间成本、人力成本和经济成本几乎是不可能的，因此需要研究自适应模型性能在一定预算（时间、成本等）下的算法性能指标、计算性能指标和经济指标。

8.2.2 PHM 原型验证系统

8.2.2.1 现状分析

在故障预测算法设计完成后,如何对算法进行评估验证一直是困扰众多研究人员的问题。由于 PHM 系统受环境因素影响较大,现有的故障预测算法仅仅针对故障数据进行曲线拟合,而不考虑算法实际的运行条件,因此很难通过计算机仿真的形式来对算法进行客观评价。正是基于上述原因,国内外的研究人员开始致力于 PHM 原型验证系统的设计与实现,运用故障注入技术或加速试验技术为故障算法提供可靠的验证和性能评估平台。

目前,PHM 原型验证系统按照作用对象大体可以分为两类:一类是 PHM 硬件验证系统;另一类是 PHM 软件验证系统。而在实际研发过程中,这两种类型相互联系,共同完成对故障预测算法的验证和性能评估[8]。

在国外,英国拉夫堡大学(Loughborough University)的研究人员针对航天和防御系统复杂性的不断提高,建立了一个先进的诊断测试平台和相应的故障诊断工具。借助原型系统,可以完成对不同故障诊断和隔离算法的验证和评估,减少维修费用和提高系统可靠性。美国 IAC(Intelligent Automation Corp)公司联合美国空军和陆军针对发动机健康监测开发了一套用来演示数据采集和数据融合技术的测试平台(distributed health management system,DHMS)[8]。该分布式健康管理系统采用信号融合和信息处理的组合算法来完成对发动机和飞机的故障诊断和预测,并支持采用实际数据开发新的故障诊断和预测算法。作为美国陆军振动管理加强项目(vibration management enhancement program,VMEP)的一部分,美国 IAC 公司又开发了一套数据采集测试平台,主要运用直升机振动和发动机数据来开发验证故障诊断和预测技术[8]。以佐治亚理工学院(Georgia Institute of Technology,Georgia Tech)和范德比特大学(Vanderbilt University)为代表的多所大学和美国 NASA 的 AMES 研究中心共同设计开发了 ADAOT 原型验证平台,它以多元系统为研究对象,进行故障诊断、容错、应急保护和故障预测算法的开发与验证工作[9]。

在软件验证系统方面,Impact Technol. 公司的 M. J. Roemer 等设计了一个基于 Web 的软件来验证 PHM 系统。在验证系统设计中,就能将 PHM 不同层面的不确定性量化融合,对 PHM 系统进行评估,建立估计信息的不确定性估计模型。该验证平台提供不同故障预测算法的性能信息,在信息源选取过程中对故障预测算法进行性能评估和有效性比较,为 PHM 系统设计者提供了一种标准的评估方法。

在国内，北京航空航天大学可靠性与系统工程学院的研究人员研究设计了一套 PHM 系统硬件验证平台。该平台能与现有的机载系统实现边界融合，通过基于失效物理的数据处理和故障诊断单元实时地分析健康状态，对采集到的异常信号进行初步的故障诊断。同时，也设计开发了一种面向 PHM 的无线传感器网络原型验证系统，利用无线传感器网络在采集数据、传输和处理方面的优势，很好地解决了现有系统中存在的故障数据不易获取、传输困难和后期处理受限等问题。

8.2.2.2 DHMS 系统介绍

本章节将详细介绍 DHMS 系统[8]。其系统架构如图 8.2-1 所示。该系统主要由四个部分组成：机载振动管理单元（vibration management unit，VMU）、地面系统（ground-based systems，GBS）、数据与分析服务器（data and analysis server，DAS）和开发系统（development system）。

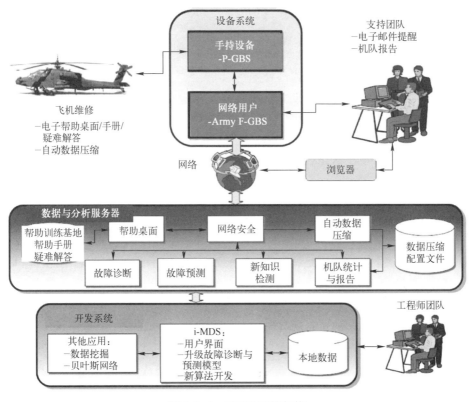

图 8.2-1　DHMS 系统架构

DHMS 系统的目标包括：

① 将机载数据传输至设备系统，并将数据自动传输至 DAS；

② DAS 将数据压缩并储存；

③ 处理 DAS 数据并检测未知事件；

④ 开发并升级所有部件的故障检测、故障诊断和故障预测算法；

⑤ 在开发系统和 DAS、设备系统以及 VMU 之间自动传输数据、参数设置等信息。

DHMS 主要服务于三类系统用户：维修人员、维修主管和工程师。系统在开发的过程中需要考虑到不同用户的需求。

1. 机载系统

振动管理单元负责收集每架军用飞机上的数据。该数据不仅包括发动机相关信息，还包括从飞机各部件收集的用于状态指示的振动信息以及转子跟踪信息。该系统包括 1553 个机载串口，这些串口可以收集发动机相关数据和环境数据如室外温度和压力等。所有收集的数据都存储于 VMU 中的闪存存储器，以便传输至手持地面站设备（portable ground based station, P-GBS）。

2. 设备系统

对于任意设备，都需要一台对应的地面站设备（GBS）用于下载和分析飞机数据。GBS 主要可以分为两种模式。

① P-GBS：手持 GBS 用于针对预先计划好的维护人员，使其可以下载 VMU 振动和发动机状态数据。该软件安装于坚固耐用的工程便携式计算机中。P-GBS 主要供日常维护人员使用。这类人员主要负责下载并分析飞机日常数据，并根据飞机状态提出修复措施。该设备也用于飞机与地面人员之间的信息交换。

② F-GBS (facility GBS)：F-GBS 主要是单一设备数据的知识库。该设备一般集成于带有网络接口的超级计算机上。P-GBS 下载的飞机运行数据都被传输至 F-GBS。而针对 VMU 的升级与更新也主要通过 F-GBS 来实现。相对于 P-GBS，F-GBS 可以进行更多的数据分析和计算。同时，F-GBS 也是与 DAS 的数据传输接口：周期性地将 F-GBS 数据传输至 DAS 并检查 VMU、F-GBS、P-GBS 的更新信息。F-GBS 主要服务于监视机队整体运行状况的维修主管，使其可以对单一飞机的状态进行深度分析。

3. 数据与分析服务器

数据与分析服务器（DAS）是一个独立的、有互联网接入的、可以将不同设备数据和信息进行结合的系统。DAS 是数据的知识库。F-GBS 周期性地将数据传输至 DAS，并在需要时从 DAS 下载 F-GBS、P-GBS 和 VMU 的更新和升级信息。DAS 也具有从收集的数据自动检测未知事件，并将数据传递给工程师团队的功能。同时，DAS 也为使用者通过网络或浏览器获得机队信息、趋势和状态总结报告提供了界面。

4. 开发系统

开发系统是供开发工程师使用的工具，主要包括用于工程数据分析的软件工具等。其所包含的软件包使开发工程师可以研究算法的原型机，并为之后更新相应设备做准备。虽然开发系统与其他系统相比是对立的，但是它可以下载 DAS 中所有的数据并进行处理。开发系统主要基于 Matlab、Expert 和 CART 等软件工具进行开发。开发工程师在 Matlab 中开发了机械故障诊断工具包（intelligent machinery diagnostic system，iMDS）。Expert 软件用于开发概率网络，CART 软件用于实现数据挖掘。开发系统必须保持足够的灵活性，使其可以支持第三方软件。

8.2.3　PHM 不确定性管理

故障预测算法按研究对象，主要可以分为三种：基于模型的方法、基于数据的方法和集成方法。不管采用哪种方法，PHM 系统在模型建立、数据采集、传输和处理等过程中都存在不确定性。由于故障机理是一个随机过程，预测过程本身也会产生误差。这就增大了系统不确定性因素，主要包括：系统建模和故障预测模型的不确定性；有传感噪声，不同模式下传感探测和去模糊化及数据处理、估计和简化带来的信息缺乏导致的测量不确定性；运行环境不确定性、未来负载不确定性（根据历史数据的多样性，无法预见未来的状态）、输入数据不确定性[10]。这些不确定性给故障预测算法的设计实现以及验证和性能评估带来了很大的困难，必须对其进行管理，以降低其带来的负面效应[1]。

一个理想的不确定性管理方法包括物理模型、不确定性量化和生产、不确定性升级、验证和确认。而开发基于物理的故障预测模型主要具有以下优点：提高预测的准确性、减少模型标定需求和不确定性、在未知负载的情况下增强预测性能以及获取故障机理知识来减少模型不确定性。验证和确认提供了一种用来精确评估模型性能和不确定性管理的方法，从而能够有效设计和实现 PHM 系统[1]。

在国外，PHM 不确定性管理的研究与故障预测算法的研究是同步进行的，通过提出一种不确定性管理的框架，重点研究不确定性的量化和产生算法，主要运用 D-S 证据理论、概率论、神经网络方法和粒子滤波方法等进一步增强系统的可靠性[11]。在国内，从事 PHM 不确定性管理方面的研究比较少，大多是针对它的来源和分类，并未提出相应的解决方案。近年来，北京航空航天大学可靠性与系统工程学院康锐教授团队提出了确信可靠性理论，该理论可以很好地用于评估固有不确定性和认知不确定性[12]。在 PHM 方面，可以借鉴该方法实现对 PHM 结果不确定性的定量评估。

8.3 验证与确认的实现途径

PHM 作为一门新兴的交叉边缘学科，在验证和确认环节还存在一些关键问题没有得到解决，也给研究人员带来了很大的挑战，它的实现途径主要体现在以下几个方面。

8.3.1 验证方法的选择和评估标准体系的建立

PHM 技术已经在广泛的工业领域得到一定程度的应用，由于 PHM 系统是面向对象建立的，不同的应用需求通常需要不同的 PHM 系统，其验证方法也有所不同。如何针对应用需求选择合适的验证方法，已经成为 PHM 验证和确认过程中比较重要的环节。采用仿真验证代价较小，不能很好地体现环境因素对系统的影响，实物验证虽然能够真实反映系统运行的实际状态，但是开销大、耗时长，不适合一般的验证和确认工作。从国内外公开资料看，半实物仿真试验方法是解决无实际设备支持下开展验证方法研究的最佳途径，它能够综合二者的优点，进一步完成验证工作。在半实物仿真试验中，其数学模型仅描述了某些不宜用实际部件接入的部分，由数字仿真计算机实现；而其他系统部分则采用实物，构成了闭环控制实时仿真环境，这样既降低了仿真建模的难度，又避免了某些元器件由于建模不准而造成的仿真误差，从而提高了全系统的仿真置信度[1]。特别是在面向机载系统 PHM 设计时，半实物仿真就显得十分重要。

各国研究人员对 PHM 技术的深入研究，已经提出了许多针对不同领域的故障预测算法，如何对它的性能进行比较评估，从而根据实际应用选取最优算法，逐渐成为困扰研究人员的主要问题，缺乏统一的评估标准体系将有碍于故障预测算法的进一步深入研究[1]。但指标也是一把双刃剑，在大多数情况下，都是根据实际可测量设置性能指标，这样反而限制了对故障预测算法的评估。在我国，还存在一些研发部分，既是 PHM 系统的设计开发者，又是验证和评价者的问题，很难对 PHM 系统做出公正有效的验证和评估。

8.3.2 PHM 原型系统的功能有待提升和完善

PHM 原型系统作为一种用来验证和评估故障诊断和预测算法的核心技术，能够通过故障注入技术进行算法的加速试验，从而在理论研究和工程应用之间搭建了桥梁。而现有的原型系统多数只具备数据采集和处理功能,不能很好地实现故障预测算法的验证和评估[1]。

现有的 PHM 原型系统大多存在内部交联关系复杂、功能简单且尚未考虑模型实际系统运行下的环境因素,给原型系统的验证带来了一定的不确定性。软件验证平台和硬件验证平台之间没有得到很好的融合,对 PHM 算法的性能评估方法较为单一,给 PHM 原型系统的发展带来了一定的影响[1]。因此,如何利用现有技术解决新问题,采用有效的故障注入技术、开发对应的分析方法与设计硬件平台对应的软件架构,完成对原型系统功能的进一步扩展成为有待解决的问题。

8.3.3 不确定性管理框架的建立

由于在 PHM 系统验证和确认过程中,往往会存在多种不确定性因素。通过对各种不确定性因素进行分类管理,确定其相互关系及优先度,设计有效的不确定性计算和产生算法。根据验证和确认方法,在原型系统的检验下进一步完成对不确定性管理框架的评估和对算法的比较,有助于较好地解决系统噪声问题[1]。

8.4 小　　结

PHM 验证和确认是贯穿 PHM 系统设计的一个重要环节,作为其核心支撑技术的验证方法和性能评估,原型系统的研究与设计以及不确定性管理,需要进行深入的研究。在深入阐述国内外研究进展的同时,指出了现有研究过程中存在的问题和面对的挑战,给出了未来的研究方向和发展趋势。考虑到我国当前的 PHM 研究尚处于方案论证和算法设计阶段,尽早考虑 PHM 系统的验证和确认技术有助于进一步加快我国 PHM 研究的过程,并确保系统的高可靠性。

参考文献

[1] 景博,杨洲,张劼,等. 故障预测与健康管理系统验证与确认方法综述 [J]. 计算机工程与应用,2011,47(21):23-27.

[2] LINE J K, CLEMENTS N S. Prognostics usefulness criteria [C]// Aerospace Conference, 2006 IEEE. IEEE, 2006.

[3] LEAO B P, YONEYAMA T, ROCHA G C, et al. Prognostics performance metrics and their relation to requirements, design, verification and cost-benefit [C]. International Conference on Prognostics & Health Management, Denver, 2008.

[4] SAXENA A, CELAYA J, BALABAN E, et al. Metrics for evaluating performance of prognostic techniques [C]. International Conference on Prognostics & Health Management, Denver, 2008.

[5] SHEPPARD J W, KAUFMAN M A, WILMER T J. IEEE Standards for Prognostics and Health Management [J]. IEEE Aerospace and Electronic Systems Magazine, 2009, 24 (9): 34-41.

[6] PING X, WANG Z, LI V. Prognostics and Health Management (PHM) System requirements and validation [C]. Prognostics & Health Management Conference, Macao, 2010.

[7] ZENG Z Y, REN Z, WU Y. Research on indexes and verification technology of airborne PHM system [C]. Prognostics & Health Management Conference, Macao, 2010.

[8] BROTHERTON T, GRABILL P, WROBLEWSKI D, et al. A testbed for data fusion for engine diagnostics and prognostics [C]. IEEE Aerospace Conference, Big Sky, 2002.

[9] POLL S, PATTERSON-HINE A, CAMISA J, et al. Advanced diagnostics and prognostics testbed [C]. International Workshop on Principles of Diagnosis, Nashville, 2007.

[10] TANG L, KACPRZYNSKI G J, KAI G, et al. Methodologies for uncertainty management in prognostics [C]. Aerospace conference, 2009 IEEE, Big Sky, 2009.

[11] LOPEZ I, SARIGUL-KLIJN N. A review of uncertainty in flight vehicle structural damage monitoring, diagnosis and control: Challenges and opportunities [J]. Progress in Aerospace Sciences, 2010, 46 (7): 247-273.

[12] 范梦飞, 曾志国, 康锐. 基于确信可靠度的可靠性评价方法 [J]. 系统工程与电子技术, 2015, 37 (11): 6.

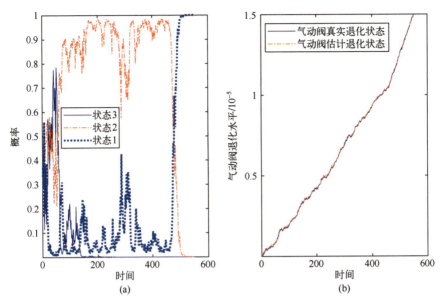

图 5.3-3 离心泵(a)与气动阀(b)在情景 1 中的真实
退化状态和估计退化状态

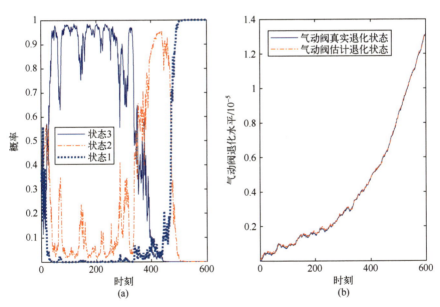

图 5.3-4 离心泵(a)与气动阀(b)在情景 2 中的真实
退化状态和估计退化状态

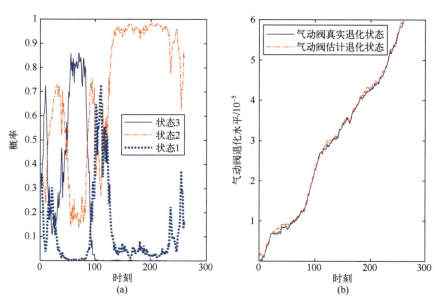

图 5.3-5　离心泵（a）与气动阀（b）在情景 3 中的真实
退化状态和估计退化状态

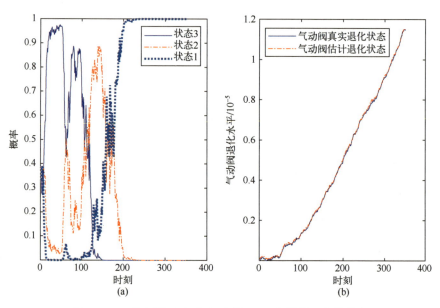

图 5.3-6　离心泵（a）与气动阀（b）在情景 4 中的真实
退化状态和估计退化状态